WTB

BAND 276

Klaus Dittrich

Atomabsorptionsspektrometrie

Mit 24 Abbildungen und 6 Tabellen

AKADEMIE-VERLAG · BERLIN

Reihe CHEMIE

Herausgegeben im Auftrage
der Akademie der Wissenschaften der DDR

von

Prof. Dr. Dr. h. c. H. Klare, Berlin
Prof. Dr.-Ing. Dr. h. c. E. Leibnitz, Berlin
Prof. Dr.-Ing. habil. Dr. rer. nat. h. c. mult. K. Schwabe, Meinsberg

Verantwortlicher Herausgeber dieses Bandes:
Prof. Dr.-Ing. habil. Dr. rer. nat. h. c. mult. K. Schwabe

Verfasser:
Doz. Dr. sc. nat. Klaus Dittrich
Karl-Marx-Universität Leipzig
Sektion Chemie

1982
Erschienen im Akademie-Verlag,
DDR-1086 Berlin, Leipziger Straße 3—4
Lektor: Fritz Schulz

Lizenznummer: 202 · 100/459/82
Gesamtherstellung: VEB Druckhaus „Maxim Gorki“,
7400 Altenburg
Bestellnummer: 762 949 8 (7276) · LSV 1214, 1234
Printed in GDR
DDR 12,50 M

Vorwort

In Wissenschaft und Technik trat in den vergangenen Jahrzehnten immer mehr die Notwendigkeit hervor, stoffumwandelnde Prozesse der chemischen und metallurgischen Industrie, technische Produkte, wie Stähle, Legierungen, Keramik, Halbleiter, Spezialwerkstoffe und Kunststoffe, in der Natur vorkommende Materialien, wie Gesteine, Erze, Mineralien aber auch Wässer und Abwässer und Stoffe und stoffumwandelnde Prozesse der Biosphäre und Umwelt näher zu charakterisieren, um Aussagen über Verwendungsmöglichkeiten, Qualität, Effektivität, Nützlichkeit, Schädlichkeit, Wirkungsmechanismen usw. treffen zu können.

Diese Charakterisierung erfolgt durch die qualitative und quantitative Stoff- und Strukturanalytik, die parallel zur gewachsenen Notwendigkeit eine ungeheure Entwicklung nahm.

Im Teilgebiet quantitative Stoffanalytik — auch Konzentrationsanalytik genannt — geht es um die quantitative Ermittlung der Mengen oder Konzentrationen von Haupt- und Nebenbestandteilen, Spuren und extremen Spuren. Die Atomabsorptionsspektrometrie ist in diese Gruppe einzuordnen. Sie hat sich weltweit zur führenden Einzelelementbestimmungsmethode für vorwiegend kleine bis hin zu extrem niedrigen Konzentrationen entwickelt.

Das vorliegende Buch soll Informationen über diese Analysenmethode vermitteln. Es wendet sich an alle Chemiker, Chemiestudenten, analytisch tätige und interessierte Physiker, Biologen, Pharmazeuten, Mediziner und Techniker. Es gibt eine Einführung über die theoretischen Grundlagen der Atomabsorptionsspektrometrie, den apparativen Entwicklungsstand, über die Anwendungsmöglichkeiten, Grenzen und Störungen der Methode. Es soll sowohl dem Anfänger die Einarbeitung in dieses Teilgebiet der Analytik ermöglichen als auch dem Fortgeschrittenen ein Hilfsmittel bei der täglichen Arbeit sein.

Inhalt

1.	Einleitung	13
2.	Theoretische Grundlagen	16
2.1.	Atomspektren	16
2.1.1.	Allgemeines	16
2.1.2.	Charakterisierung der Linienspektren	16
2.2.	Spektren eines realen thermischen Plasmas	21
2.3.	Beziehungen zwischen der Intensität der Absorption und der Stoffmenge	22
2.3.1.	Auswahl der Linien	22
2.3.2.	Das LAMBERT-BEERsche Gesetz	25
2.3.3.	Grundlagen der quantitativen Atomabsorptionsspektrometrie	26
2.3.3.1.	Absorbierende Teilchen	26
2.3.3.2.	Struktur von Atomlinien	26
2.3.3.3.	Der Absorptionskoeffizient in der AAS	31
2.3.3.4.	Möglichkeiten und Probleme der Messung der integralen Absorption	31
2.3.3.5.	Möglichkeiten und Probleme der Messung der maximalen Absorption	32
2.3.3.6.	Anwendung der Messung der maximalen Absorption für die analytische AAS	33
2.3.4.	Allgemeines über spektrale Störungen in der AAS	35
3.	Apparative Grundlagen	38
3.1.	Allgemeiner Aufbau eines Atomabsorptionsspektrometers	38
3.2.	Lichtquellen	38
3.2.1.	Hohlkathodenlampen (HKL)	40
3.2.1.1.	Aufbau und Wirkungsmechanismus der HKL	40
3.2.1.2.	Charakteristik von HKL	42
3.2.2.	Elektrodenlose Entladungslampen (EDL)	45
3.3.	Atomisatoren	48
3.3.1.	Allgemeines	48

3.3.2. Atomisierung durch Flammen 49
3.3.2.1. Allgemeine Arbeitsweise 49
3.3.2.2. Zerstäuber — Brenner — Kombinationen . . . 49
3.3.2.2.1. Vorkammerzerstäuber 51
3.3.2.2.2. Laminarbrenner 54
3.3.2.2.3. Direkt-Zerstäuber-Brenner-Kombination 55
3.3.2.3. Flammen 57
3.3.2.3.1. Flammenarten 57
3.3.2.3.2. Flammenstruktur 60
3.3.2.4. Wirkungen der Flammen 62
3.3.2.4.1. Verdampfung oder Verbrennung der Lösungsmittel 62
3.3.2.4.2. Verdampfung der Festsubstanz 64
3.3.2.4.3. Dissoziation und Reduktion von Molekülen . . 65
3.3.2.4.4. Anregung von Atomen 68
3.3.2.4.5. Ionisation von Atomen 68
3.3.3. Atomisierung in elektrothermischen Atomisatoren 70
3.3.3.1. Definition und allgemeine Arbeitsweise 70
3.3.3.2. Arten elektrothermischer Atomisatoren 71
3.3.3.3. Charakteristik und wichtige Parameter der GRK-Technik 74
3.3.3.3.1. Einfluß des Rohrmaterials 75
3.3.3.3.2. Einfluß der Dimension des Graphitrohres . . . 77
3.3.3.3.3. Einfluß der Temperatur und der Aufheizgeschwindigkeit 78
3.3.3.3.4. Einfluß des Inertgases 80
3.3.3.4. Vorgänge im Graphitrohr 81
3.3.3.4.1. Die erste thermische Phase: Trocknung 82
3.3.3.4.2. Die zweite thermische Phase: Veraschung . . . 82
3.3.3.4.3. Die dritte thermische Phase: Atomisierung . . . 86
3.3.4. Vergleich der Flammen-AAS mit der AAS durch elektrothermische Atomisierung 88
3.3.5. Besondere Techniken der Atomisierung 88
3.3.5.1. Quecksilber-Kaltdampf-Technik 88
3.3.5.2. Hydridtechnik 92
3.3.5.3. Delves-cup-Technik 94
3.3.6. Methoden der direkten Atomisierung von Feststoffen 95
3.3.6.1. Feststoff-AAS durch Laser-Verdampfung . . . 96
3.3.6.2. Feststoff-AAS durch Sputter-Technik 97
3.4. Monochromatisierung des Lichtes 97

3.4.1. Aufgabe des Monochromators bei der AAS . . . 97
3.4.2. Charakterisierung von Monochromatoren. . . . 98
3.4.3. Parameter und Bedingungen für Monochromatoren von AA-Spektrometern 101
3.4.4. Resonanzdetektoren. 102
3.4.5. Strahlengänge bei AA-Spektrometern 102
3.5. Lichtmessung und Signalverarbeitung 104
3.5.1. Lichtintensitätsmessung 104
3.5.2. Signalverstärkung. 106
3.5.3. Signalanzeige. 107
3.5.4. Signalverarbeitung 108
3.6. Automatisierung 111
3.7. Apparative Kompensation spektraler Störungen 112
3.7.1. Charakterisierung der spezifischen und unspezifischen Emissionsprozesse 113
3.7.2. Möglichkeiten der Beseitigung der spezifischen und unspezifischen Emission 114
3.7.3. Charakterisierung der Lichtstreuung. 115
3.7.4. Charakterisierung der Molekülabsorption . . . 116
3.7.5. Möglichkeiten und Probleme bei der Beseitigung der unspezifischen Absorption 117
3.7.5.1. Untergrundkompensation durch die Zweilinienmethode 117
3.7.5.2. Untergrundkompensation mit Kontinuumlichtquellen (Deuteriumuntergrundkompensation) . . 120
3.7.5.3. Untergrundkompensation durch Ausnutzung des ZEEMAN-Effektes 124

4. Charakterisierung der analytischen Möglichkeiten und der Probleme der AAS. 127
4.1. Bewertungskriterien. 127
4.2. Nachweisvermögen der AAS 127
4.2.1. Empfindlichkeit der AAS 127
4.2.2. Reproduzierbarkeit in der AAS 130
4.2.3. Nachweisgrenze in der AAS 131
4.2.4. Reziproke Empfindlichkeit in der AAS 132
4.3. Richtigkeit in der AAS 133
4.3.1. Apparative Selektivität 133
4.3.2. Einfluß der Matrix auf die Richtigkeit der AAS 133
4.3.2.1. Allgemeine Betrachtung 133
4.3.2.2. Einfluß der Matrix auf die Verdampfung. . . . 135
4.3.2.2.1. Flammen-AAS 135
4.3.2.2.2. Elektrothermische Atomisierung 136

4.3.2.3. Einfluß der Matrix auf die Dissoziation 137
4.3.2.3.1. Flammen-AAS 137
4.3.2.3.2. Elektrothermische Atomisierung 138
4.3.2.4. Einfluß der Matrix auf Anregungsprozesse . . . 142
4.3.2.5. Einfluß der Matrix auf die Ionisation 142
4.4. Anwendbarkeit der AAS 143
4.5. Kosten der AAS 144

5. Elementbestimmungen 144
5.1. Aluminium (Al) 172
5.2. Antimon (Sb) 172
5.3. Arsen (As) 173
5.4. Barium (Ba) 174
5.5. Beryllium (Be) 175
5.6. Blei (Pb) 175
5.7. Bor (B) 176
5.8. Cadmium (Cd) 177
5.9. Cäsium (Cs) 177
5.10. Calcium (Ca) 178
5.11. Chrom (Cr) 179
5.12. Dysprosium (Dy) 179
5.13. Eisen (Fe) 180
5.14. Erbium (Er) 180
5.15. Europium (Eu) 181
5.16. Gadolinium (Gd) 181
5.17. Gallium (Ga) 182
5.18. Germanium (Ge) 182
5.19. Gold (Au) 183
5.20. Hafnium (Hf) 183
5.21. Holmium (Ho) 184
5.22. Indium (In) 184
5.23. Iridium (Ir) 185
5.24. Kalium (K) 185
5.25. Kobalt (Co) 186
5.26. Kupfer (Cu) 186
5.27. Lanthan (La) 187
5.28. Lithium (Li) 187
5.29. Lutetium (Lu) 188
5.30. Magnesium (Mg) 188
5.31. Mangan (Mn) 189
5.32. Molybdän (Mo) 188
5.33. Natrium (Na) 189
5.34. Neodym (Nd) 190

5.35. Nickel (Ni) 191
5.36. Niob (Nb) 191
5.37. Osmium (Os) 191
5.38. Palladium (Pd) 192
5.39. Platin (Pt) 192
5.40. Praseodym (Pr) 192
5.41. Quecksilber (Hg) 193
5.42. Rhenium (Re) 194
5.43. Rhodium (Rh) 194
5.44. Rubidium (Rb) 195
5.45. Ruthenium (Ru) 195
5.46. Samarium (Sm) 196
5.47. Scandium (Sc) 196
5.48. Selen (Se) 197
5.49. Silber (Ag) 198
5.50. Silizium (Si) 198
5.51. Strontium (Sr) 198
5.52. Tantal (Ta) 199
5.53. Technetium (Tc) 199
5.54. Tellur (Te) 200
5.55. Terbium (Tb) 200
5.56. Thallium (Tl) 201
5.57. Thulium (Tm) 201
5.58. Titan (Ti) 201
5.59. Uranium (U) 202
5.60. Vanadin (V) 202
5.61. Wismut (Bi) 203
5.62. Wolfram (W) 203
5.63. Ytterbium (Yb) 204
5.64. Yttrium (Y) 204
5.65. Zink (Zn) 205
5.66. Zinn (Sn) 205
5.67. Zirkonium (Zr) 206

6. Bestimmung von Nichtmetallen 207
6.1. Allgemeines 207
6.2. Direkte Bestimmung von Nichtmetallen 207
6.2.1. Brom (Br) 207
6.2.2. Jod (J) 207
6.2.3. Phosphor (P) 208
6.2.4. Schwefel (S) 208
6.3. Indirekte Bestimmung von Nichtmetallen . . . 208
6.3.1. Allgemeines 208

6.3.2. Bestimmung des Bromids 209
6.3.3. Bestimmung des Chlorids 209
6.3.4. Bestimmung des Cyanids 209
6.3.5. Bestimmung des Fluorids 210
6.3.6. Bestimmung des Jodids 210
6.3.7. Bestimmung des Phosphates 210
6.3.8. Bestimmung des Sulfates 211
6.4. Anwendung der Molekülabsorptionsspektrometrie zur direkten Bestimmung von Nichtmetallen . . 211
6.4.1. Allgemeines 211
6.4.2. Bestimmung des Bromids 211
6.4.3. Bestimmung des Chlorids 212
6.4.4. Bestimmung des Fluorids 212
6.4.5. Bestimmung des Jodids 212

7. Anwendungsmöglichkeiten und Einsatzgebiete der AAS 212

8. Moderne Entwicklungsrichtungen der AAS und verwandte atomspektroskopische Methoden. . . 216
8.1. Moderne Entwicklungsrichtungen der AAS . . . 216
8.2. Verwandte atomspektroskopische Methoden . . 218
8.2.1. Atomfluoreszenzspektrometrie (AFS) 218
8.2.2. Atomemissionsspektrometrie mit dem induktiv gekoppelten Plasma (ICP) 219

9. Literatur 221
9.1. Monographien 221
9.2. Wichtige Zeitschriften der AAS 222
9.3. Literaturzitate 222

1. Einleitung

Die Atomabsorptionsspektrometrie (AAS) ist eine Analysenmethode, die auf dem Prinzip beruht, daß freie Atome in der Lage sind, Photonen bestimmter Energie zu absorbieren. Dabei ist der Energiewert des Photons (Wellenlänge der Strahlung) ein Maß für die Charakterisierung der Atomart und die Anzahl der absorbierten Photonen eines bestimmten Energiewertes (Absorptionsintensität) ein Maß für die vorhandene Menge dieser bestimmten Atomart. Letzteres ist in Verbindung mit der Probe ein Maß für die Konzentration. Auf Grund noch darzulegender Gesichtspunkte ist die AAS in ihrer praktischen Anwendung fast ausschließlich auf die Ermittlung von Stoffmengen bzw. Konzentrationen ausgerichtet.

Das Prinzip der Atomabsorption, welches auf dem allgemeinen Naturprinzip der Wechselwirkung von Materie mit elektromagnetischer Strahlung beruht, wurde bereits am Anfang des 19. Jahrhunderts als Naturerscheinung entdeckt. Unabhängig voneinander fanden sowohl Wollaston (1802) als auch Fraunhofer (1815) die nach letzterem benannten dunklen Linien im kontinuierlichen Spektrum der Sonne. Beide konnten diese Erscheinung nicht richtig erklären. Erst Kirchhoff und Bunsen schufen durch ihre Untersuchungen an Flammen und verdampften Salzen in den Jahren 1859 bis 1861 die Grundlagen für die Erklärung dieser Naturerscheinung, indem sie folgende Grundgedanken formulierten (vgl. auch [1—3]):

1. Die Ursachen für das Entstehen von Linienspektren sind freie Atome und nicht ihre Verbindungen.

2. Freie Atome sind in der Lage bei den Wellenlängen, bei denen sie Licht emittieren können, auch Licht zu absorbieren (Gesetz von der Gleichartigkeit von Emission und Absorption).
3. Die erhaltenen Linienspektren sind für eine Atomart charakteristisch (Grundlage für die qualitative Analyse).

Auf der Basis dieser Erkenntnisse konnten die beiden Analysenprinzipien Atomemission und Atomabsorption (und auch deren Kombination — die Atomfluoreszenz) entwickelt und erklärt werden.

Infolge nicht vorhandener Notwendigkeiten, apparativer Schwierigkeiten und auch der geringen Kenntnisse der Analytiker dauerte es noch sehr lange, bis auf der Basis des entdeckten und aufgeklärten Prinzips eine Analysenmethode entstand. Erste Versuche hierzu machte WOODSON [4] bei der Analytik des Quecksilbers unter Verwendung von Hg-Dampfentladungslampen als Lichtquellen bereits 1939. Jedoch erst 1955 wurde das Prinzip von ALKEMADE und MILATZ [5] zur allgemeinen analytischen Anwendung empfohlen. Unabhängig von dieser Mitteilung veröffentlichte WALSH [6] im gleichen Jahr einen Vorschlag zur Anwendung des Prinzips der Atomabsorption als Analysenmethode. Er setzte Hohlkathodenlampen (HKL) als spezielle, spektrale Lichtquellen für diese Methode ein.

Auf der Basis dieser allgemeinen Analysenmethode Atomabsorptionsspektrometrie entwickelten sich in der Folgezeit eine Reihe von Analysenverfahren, wie Flammenatomabsorption mit unterschiedlichen Flammentypen, Atomabsorption mit elektrothermischer Atomisierung in Graphitrohrküvetten und ähnlichen Vorrichtungen, Atomabsorption mit Laserverdampfung und Sputtertechnik und Atomabsorption zur Indikation bei chemischen Trennverfahren z. B. der Gaschromatographie.

Auf der Grundlage dieser Vielzahl von Verfahren wurden in den vergangenen 25 Jahren viele Tausend konkrete Analysenvorschriften veröffentlicht, die letztlich zur weltweiten Verbreitung dieser Analysentechnik geführt haben.

Die Kurzcharakteristik der Analysenmethode AAS lautet: Die Atomabsorptionsspektrometrie (oder auch Atomabsorptionsspektralphotometrie) nutzt das Absorptionsvermögen freier Atome zur quantitativen Charakterisierung einer Probe aus. Die freien Atome werden vorwiegend aus Lösungen auf thermischem Wege durch Verdampfung und Dissoziation in einem Absorptionsraum (hauptsächlich Flamme oder Graphitrohrküvette) erzeugt. Dieser Absorptionsraum wird vom Licht einer speziellen Lichtquelle durchstrahlt. Die Änderung der Lichtintensität einer ausgewählten Linie wird in Form der Extinktion mit der Zahl der Atome im Absorptionsraum und damit mit der Konzentration dieser Atome in der Probe in Beziehung gebracht. Die Auswertung erfolgt fast ausschließlich mit der Relativmethode (Eichkurven- und Additionsverfahren).

2. Theoretische Grundlagen

2.1. *Atomspektren*

2.1.1. *Allgemeines*

Bei der Wechselwirkung von elektromagnetischer Strahlung mit freien Atomen erhält man sowohl in Absorption als auch in Emission nach spektraler Auflösung des Lichtes durch einen Spektrographen vorwiegend Linienspektren. Bei Betrachtung des sichtbaren und ultravioletten Spektralgebietes sind die Ursachen dieser Spektren auf unterschiedliche Energiezustände der Valenzelektronen der Atome zurückzuführen. Man spricht deshalb auch von Elektronenanregungsspektren. Die einzelnen Linien der Spektren entsprechen den Energiedifferenzen von zwei definierten Energiezuständen der entsprechenden Atome.

Im Fall der Atomabsorption wird ein Photon mit dem entsprechenden Energiewert vom freien Atom aufgenommen. Dabei geht dieses Atom vom Grund- oder von einem niederen angeregten Zustand in einen höheren angeregten Zustand über. In diesem angeregten Zustand verweilt das Atom nur sehr kurze Zeit, im allgemeinen etwa 10^{-8} s. Die aufgenommene Energie wird entweder durch Emission eines Photons oder strahlungslos durch Stoß 2. Art mit einem beliebigen anderen Teilchen wieder abgegeben.

Im Fall der Emission erhält das freie Atom die zur Anregung erforderliche Energie durch einen unelastischen Zusammenstoß mit einem energiereichen Teilchen (Stoß 1. Art, vorwiegend durch freie Elektronen). Die Abgabe der Energie erfolgt in der beschriebenen Weise.

2.1.2. *Charakterisierung der Linienspektren*

Die Arbeiten von Rutherford, Bohr, Planck und Sommerfeld führten zur Aufklärung der Struktur von Linienspektren der einfachsten Atome. Durch die Verbindung des RUTHERFORDschen Atommodells mit der PLANCKschen Quantentheorie konnte BOHR den durch BALMER empirisch gefundenen Seriencharakter der Spektren des Wasserstoffatoms erklären.

$$\bar{\nu} = R \cdot \left(\frac{1}{n_1^2} - \frac{1}{n_2^2}\right) \tag{1}$$

Gl. (1) gibt den Zusammenhang zwischen der Wellenzahl $\bar{\nu}$ eines emittierten Photons und den Hauptquantenzahlen n (n_2: Hauptquantenzahl des höher angeregten Zustandes, n_1: Hauptquantenzahl des niedriger angeregten oder Grundzustandes) des Wasserstoffatoms an. Der Proportionalitätsfaktor ist die RYDBERG-Konstante R. Erhöht sich nur die Ladung des Zentralatoms (He^+, Li^{2+} usw.), so erweitert sich diese Formel nur geringfügig zu

$$\bar{\nu} = Z^2 \cdot R \cdot \left(\frac{1}{n_1^2} - \frac{1}{n_2^2}\right) \tag{2}$$

(Z: Ordnungszahl).

Hierdurch wird die stärkere Anziehung des höher geladenen Kerns berücksichtigt. Die Spektren dieser Ionen sind denen des Wasserstoffatoms sehr ähnlich. Daraus ergab sich der allgemeine spektroskopische Verschiebungssatz von SOMMERFELD und KOSSEL, nach dem das Spektrum eines einfach geladenen Ions dem des im Periodischen System vorher stehenden Atoms ähnlich ist. Der Energiewert E für den Zustand eines solchen, nur ein Elektron enthaltenden Ions ergibt sich zu

$$E = -Z^2 \cdot \frac{R \cdot h \cdot c}{n^2} \tag{3}$$

(h: PLANCKsches Wirkungsquantum; c: Lichtgeschwindigkeit).

Die allgemeine Auswahlregel für die Entstehung einer Spektrallinie lautet hier $\Delta n = 1, 2, 3$. Bei Mehrelektronensystemen erweitert sich diese Auswahlregel auf $\Delta n = 0$.

Das Auftreten von mehreren Spektralserien bei den Alkaliatomen (Mehrelektronensysteme mit einem Außenelektron) führte zur Einführung der Neben- oder Bahndrehimpulsquantenzahl l ($l = 0$ bis $l = n - 1$) durch SOMMERFELD. Die allgemeine Darstellung der Energiezustände kann nach Gl. (4) erfolgen

$$E = -\frac{R \cdot h \cdot c}{[n - \alpha(l)]^2}. \tag{4}$$

Die Funktion $\alpha(l)$, die als Störgröße eingeführt wurde, berücksichtigt die Bahnexzentrizität. Für $l = 0$ ist sie am größten. Für die l-Werte $= 0, 1, 2, 3$ wurden als Symbole die Buchstaben s, p, d, f eingeführt. Sie leiten sich aus dem Englischen ab. Man hatte früher für bestimmte Spektralserien qualitative Begriffe wie *s*harp, *p*rincipal, *d*iffuse und *f*undamental verwendet. Die Auswahlregel für die Entstehung von Spektrallinien ist $\Delta l = \pm 1$.

Das Auftreten von Multipletts bei einzelnen Spektrallinien (z. B. Na-Dublett) führte zur Einführung einer weiteren Quantenzahl — der Eigendrehimpuls- oder Spinquantenzahl s—, die Werte von $\pm 1/2$ annehmen kann. Infolge magnetischer Wechselwirkungseffekte koppeln die beiden Drehimpulse (beschreibbar durch l und s) zu einem Gesamtdrehimpuls (beschreibbar durch die Quantenzahl j). Damit ergeben sich z. B. bei den Alkalien für die Quantenzahl $l = 1$ durch die beiden Einstellmöglichkeiten von $s = \pm 1/2$ die beiden Quantenzahlen $j = 1/2$ und $3/2$; für $l = 0$ wegen der nur einfachen Einstellmöglichkeit von s der Wert $j = 1/2$. Daraus ergibt sich, daß für alle l-Werte > 0 eine Aufspaltung — Multiplizität — vorliegt. Es ergeben sich zwei eng beieinander liegende Energieniveaus (vgl. Abb. 1). Die Auswahlregel für Übergänge in Emission oder Absorption lautet $\Delta j = \pm 1$ oder 0 (letzterer erfordert einen gleichzeitigen Wechsel von l und s in entgegengesetzter Richtung und kommt seltener vor).

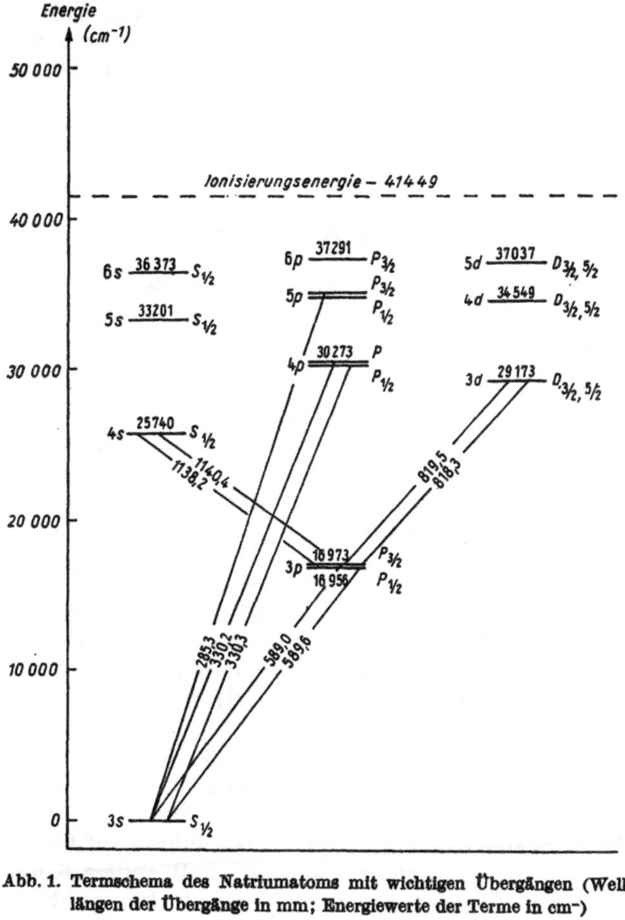

Abb. 1. **Termschema des Natriumatoms mit wichtigen Übergängen (Wellenlängen der Übergänge in mm; Energiewerte der Terme in cm⁻)**

Bei Mehrelektronensystemen, die auch mehrere Valenzelektronen besitzen, kommt es zur Kopplung zwischen den einzelnen Elektronen, so daß ein Gesamtenergiezustand für das Atom beschrieben werden kann. Es gilt für niedere Ordnungszahlen

$$l_1, l_2, l_3, l_4 \cdots \to L$$

$$s_1, s_2, s_3, s_4 \cdots \to S$$

(L: Gesamtbahndrehimpulsquantenzahl, Symbole: $L = 0 \to S$; $L = 1 \to P$; $L = 2 \to D$; $L = 3 \to F$; $L = 4 \to G$; usw. S: Gesamteigendrehimpulsquantenzahl; Gesamtspinquantenzahl).

Diese koppeln nach der Russel-Saunders-Kopplung zur Gesamtdrehimpulsquantenzahl J. Daraus ergibt sich für die Aufspaltung die allgemeine Multiplizitätsformel $2S + 1$ (S: Gesamtspinquantenzahl). Diese maximale Aufspaltung wird jeweils erst ab bestimmten L-Werten erreicht. Ein beliebiger Zustand eines Atoms ist damit wie folgt beschreibbar: $n^{\text{Multiplizität}}L_J$. Oftmals werden nach n noch die Nebenquantenzahl und die Anzahl der Valenzelektronen als l^x geschrieben. Für den Grundzustand des Na-Atoms ergibt sich damit: $3s\ {}^2S_{1/2}$; und für die ersten angeregten Zustände: $3p\ {}^2P_{1/2}$ und $3p\ {}^2P_{3/2}$. Die Übergänge zwischen diesen Niveaus ergeben das bekannte Na-Dublett bei 589,0 und 589,6 nm (vgl. Abb. 1). Die allgemeinen Auswahlregeln lauten $\Delta n = 0, 1, 2, \ldots$; $\Delta L = \pm 1$; $\Delta J = \pm 1\ (0)$.

Diese relativ einfachen Verhältnisse führen auf Grund ihrer Vielfalt und anderer Faktoren (z. B. andere Kopplungen bei Elementen mit größeren Ordnungszahlen, Doppelanregungen usw.) zu komplizierten, unübersichtlichen Spektren, in denen vielfach ein Seriencharakter nur schwer erkennbar ist. Trotzdem ist hiermit die Grundlage für die Anwendung der Atomspektroskopie für die Stoffidentifizierung (qualitative Analytik) gegeben.

2.2. *Spektren eines realen thermischen Plasmas*

Unter einem thermischen Plasma versteht man ein erhitztes System ($T > 1000$ K) im gasförmigen Zustand, welches neutrale Atome und Ionen in unterschiedlichen Anregungszuständen, freie Elektronen aber auch Moleküle, Radikale, Molekülionen und ggf. nicht vollständig verdampfte, kleine feste oder flüssige Teilchen enthalten kann. Die Verteilung auf die möglichen Teilchenarten wird durch die Temperatur des Plasmas und die Eigenschaften der Stoffe wie Siedepunkt, Dissoziationsenergie, Ionisationsenergie, Anregungsenergie usw. bestimmt. Solche Plasmen liegen vor in Flammen, in elektrischen Lichtbögen, in erhitzten Graphitrohrküvetten. Bei der Untersuchung des von einem solchen Plasma entweder emittierten oder bei entsprechender Bestrahlung absorbierten Lichtes stellt man fest, daß neben den beschriebenen Linienspektren auch Bandenspektren und Kontinua auftreten. Die Bandenspektren sind auf die Wechselwirkung der Moleküle und Radikale mit elektromagnetischer Strahlung zurückzuführen (Elektronenanregungsspektren in Überlagerung mit Schwingungs- und Rotationsspektren). Die Kontinua können durch feste Körper aber auch durch Moleküle und Atome bei deren Wechselwirkung mit freien Elektronen auftreten. Bandenspektren und Kontinua beeinflussen als Untergrund die Auswertung der Linienspektren.

Oftmals spricht man davon, daß sich ein Plasma im thermischen Gleichgewicht befindet. Das bedeutet, daß die ständige Energiezufuhr zum Plasma (Verbrennung der Gase einer Flamme, elektrischer Strom beim Bogen) der ständigen Energieabgabe durch Strahlung, Konvektion und Wärmeleitung entspricht. Damit ergibt sich ein mehr oder weniger großes Volumen des Plasmas, in dem die Temperatur konstant ist. Eine weitere Bedingung für das thermische Gleichgewicht ist, daß die gleiche Temperatur und Temperaturverteilung für alle Teilchenarten gilt. Dafür ist Voraussetzung, daß ein schneller

Energieaustausch zwischen den einzelnen Teilchenarten erfolgt. Dies geschieht ab einem bestimmten Druck (Teilchenkonzentration) im Plasma. Die für analytische Zwecke verwendeten Plasmen (meist bei Normaldruck) befinden sich oftmals im thermischen Gleichgewicht, wobei zu berücksichtigen ist, daß dies wegen der genannten Bedingungen niemals ideal vorliegt.

2.3. *Beziehungen zwischen der Intensität der Absorption und der Stoffmenge*

2.3.1. *Auswahl der Linien*

Aus dem Abschnitt 2.1. geht hervor, daß eine Vielzahl von Spektrallinien absorbiert oder emittiert werden können. Bei beiden Analysenmethoden wählt man eine bestimmte Linie für die Gewinnung quantitativer Informationen über die Probe aus. Im Fall der Emission stehen in Plasmen mit Temperaturen > 4000 K sehr viele Linien (linienreiche Spektren) zur Auswahl zur Verfügung. Da die Linien unterschiedliche Intensitäten besitzen, kann man die Auswahl unter Berücksichtigung des analytischen Problems (intensive Linie für die Spurenanalyse, schwache Linien für die Bestimmung von Hauptbestandteilen) vornehmen. Es ist zu berücksichtigen, daß die Linienintensität sehr von der Plasmatemperatur abhängt.

Bei der Absorption sind die Verhältnisse entsprechend, d. h. man kann auch zwischen unterschiedlichen Absorptionslinien wählen. Es ist in diesem Fall von Vorteil für das Nachweisvermögen und die spektrale Selektivität, wenn sich alle oder zumindest die Mehrzahl der zu bestimmenden Atome in einem bestimmten Zustand befinden. Bei der Anwendung von Niedertemperaturplasmen ($T = 1000$ bis 4000 K) erreicht man, daß die Mehrzahl der Stoffe noch verdampft und dissoziiert werden kann, so daß freie Atome entstehen. Die Energien des Plasmas reichen jedoch für eine nennenswerte Anregung der meisten Atome nicht mehr aus. Somit befindet sich die Mehrzahl der Atome im Grundzustand. Quantitativ ist das Verhältnis zwischen angeregten und nicht angeregten Atomen durch die Beziehung von Boltzmann beschreibbar

$$\frac{N^*}{N_g} = \frac{g^*}{g_g} \cdot e^{-\frac{E_a}{kT}} \qquad (5)$$

(N^*: Teilchenzahl im angeregten Zustand; N_g: Teilchenzahl im Grundzustand; g^*, g_g: statistische Gewichte der entsprechenden Zustände; E_a: Anregungsenergie; k: Boltzmann-Konstante; T: Temperatur.)

In Tab. 1 sind für einige Elemente im interessierenden Temperaturgebiet Angaben über N^*/N_g-Verhältnisse gemacht worden. Alle Werte sind, unabhängig davon, ob ein leicht (Na) oder schwer (Zn) anregbares Element betrachtet wird, sehr klein. Bei einer Temperatursteigerung von 1000 K wachsen sie um mehrere Zehnerpotenzen. Trotzdem ist festzustellen, daß die N_g-Zahl praktisch mit der Gesamtzahl der Atome identisch ist.

Tabelle 1

N^*/N_g – Verhältnisse in Niedertemperaturplasmen

Atomart	Übergang N^*/N_g in nm	Anregungsenergie in eV	g^*/g_g	N^*/N_g-Werte bei Temperaturen 2273 K	2773 K	3273 K
Na	589	2,1	2	10^{-5}	$1{,}1 \cdot 10^{-4}$	$5{,}8 \cdot 10^{-4}$
Cu	324	3,8	2	$4{,}8 \cdot 10^{-10}$	$4 \cdot 10^{-8}$	$6{,}6 \cdot 10^{-7}$
Zn	213	5,8	3	$7{,}5 \cdot 10^{-15}$	$4 \cdot 10^{-12}$	$5 \cdot 10^{-10}$

Wählt man entsprechende Niedertemperaturplasmen wie Flammen und Graphitrohrküvetten für die analytischen Bestimmungen aus, so ergeben sich folgende Vorteile und Nachteile:

1. Durch die Fixierung des Grundzustandes der Atome als Hauptzustand ergibt sich eine hohe Absorption für Übergänge von diesem Grundzustand. Dies führt zu einer hohen analytischen Empfindlichkeit.
2. Da nur Absorptionslinien vom Grundzustand in nennenswerter Stärke beobachtet werden, erhält man linienarme Absorptionsspektren, keine Koinzidenzen und somit eine ausgezeichnete spektrale Selektivität.
3. Im Gegensatz zum Emissionsprozeß ist der Absorptionsprozeß nahezu temperaturunabhängig, denn eine Vergrößerung der Temperatur um 1000 K führt zwar zum starken Anwachsen der N^*/N_g-Verhältnisse, die N_g-Teilchenzahl bleibt jedoch fast konstant.

Diese 3 Vorteile sind die Hauptvorteile der Atomabsorption gegenüber der Atomemission hinsichtlich ihrer analytischen Anwendung. Vergleicht man Flammenatomemissionsspektralphotometer mit Flammenatomabsorptionsspektralphotometern, so ergibt sich für die AAS noch der Vorteil, daß die Energie der Flamme für die Verdampfung und Dissoziation vieler Substanzen ausreicht und daß jedoch keine Anregung mehr erfolgen muß. Daraus resultiert die breite Anwendbarkeit der Flammen-AAS. Die Flammen-AAS benötigt zur Signalerzeugung den Anregungsprozeß. Sie ist deshalb auf die leicht anregbaren Elemente, wie Alkalien, Erdalkalien und einige andere beschränkt.

Aus den bisherigen Gesichtspunkten ergeben sich folgende Nachteile für die AAS:

1. Infolge der Linienarmut der Spektren kann man hinsichtlich der Konzentrationsbereiche nur im beschränkten Umfang variieren.
2. Die Begrenzung auf Niedertemperaturplasmen ist dann von Nachteil, wenn schwer verdampfbare oder schwer dissoziierbare Substanzen analysiert werden sollen.

Es ist hinzuzufügen, daß im allgemeinen die Übergänge zwischen dem Grundzustand und dem ersten angeregten

Zustand die höchste Übergangswahrscheinlichkeit (Oszillatorstärke) besitzen. Für die Spurenanalyse sind diese Linien am besten geeignet (vgl. dazu auch Kap. 5.).

2.3.2. Das LAMBERT-BEER*sche Gesetz*

Durchstrahlt man ein beliebiges absorbierendes Medium mit Licht, so nimmt die Intensität des Lichtes nach einer Exponentialfunktion ab.

$$I_D = I_0 \cdot e^{-l \cdot c \cdot \varepsilon_\lambda} \tag{6}$$

(I_D: durchgelassene Intensität; I_0: eingestrahlte Intensität; l: Länge des Absorptionsweges; c: Konzentration der absorbierenden Teilchen; ε_λ: Extinktions- bzw. Absorptionskoeffizient.)

Durch Umwandlung von Gl. (6) in

$$E = \lg \frac{I_0}{I_D} = 2{,}303 \cdot c \cdot l \cdot \varepsilon_\lambda \tag{7}$$

bzw.

$$E = c \cdot l \cdot \varepsilon_\lambda'$$

erhält man eine lineare Beziehung zwischen der Extinktion E (engl.: absorbance A) und der Konzentration c. Diese als LAMBERT-BEERsches Gesetz bekannte Beziehung wurde für die Spektralphotometrie von Lösungen aufgestellt. Sie gilt als Grenzgesetz für verdünnte Lösungen und monochromatisches Licht. Die erste Grenzbedingung weist auf die mögliche Assoziation von absorbierenden Teilchen hin. Solche Assoziationen treten mit höherer Konzentration auf. Die zweite Grenzbedingung berücksichtigt die Abhängigkeit des Extinktionskoeffizienten von der Wellenlänge bzw. Frequenz. Im folgenden wird überprüft und dargelegt, inwieweit dieses Gesetz auf den Absorptionsprozeß durch freie Atome übertragen werden kann, wobei bereits feststeht, daß die exponentielle Intensitätsabnahme auch hier gilt.

2.3.3. *Grundlagen der quantitativen Atomabsorptionsspektrometrie*

2.3.3.1. *Absorbierende Teilchen*

Die absorbierenden Teilchen sind, wie bereits festgestellt wurde, freie Atome im Grundzustand. Diese freien Atome werden aus Lösungen durch Energiezufuhr erzeugt. Mit zunehmender Konzentration der Lösungen werden die Verdampfungs- und Dissoziationsprozesse aufwendiger. Außerdem nimmt im Plasma die Tendenz zur Molekülbildung sowohl zwischen gleichartigen als auch zwischen unterschiedlichen Atomen zu. Das bedeutet, daß letztlich Assoziationsprozesse vorliegen. Damit kann man die erste Grenzbedingung des LAMBERT-BEERschen Gesetzes sinngemäß übertragen: Für die AAS sollen verdünnte Plasmen angewendet werden. Voraussetzung dafür sind verdünnte Lösungen. Eine ausführliche Behandlung der Probleme, die mit der Verdampfung und Dissoziation zusammenhängen, erfolgt im Abschnitt 3.3. Die Proportionalität zwischen Lösungskonzentration und Teilchenzahl N im Plasma ist mathematisch einfach durch

$$N = r \cdot c \tag{8}$$

beschreibbar. Der Proportionalitätsfaktor r hat sehr viele Einflüsse und ist, wie bereits gezeigt wurde, auch von der Konzentration c abhängig.

2.3.3.2. *Struktur von Atomlinien*

Die Behandlung der 2. Grenzbedingung des LAMBERT-BEERschen Gesetzes und die Beschreibung der praktizierten Variante der AAS erfordern eine kurze Betrachtung der Struktur von Atomlinien.

In Abb. 2 ist eine Atomlinie schematisch dargestellt. Die gezeigte Struktur gilt sowohl für die Emission als auch für die Absorption. Die Abhängigkeit der Emissions- oder

Absorptionsintensität von der Wellenlänge kann durch eine GAUSS-Funktion beschrieben werden. Eine charakteristische Größe ist die Halbwertsbreite der Linie.

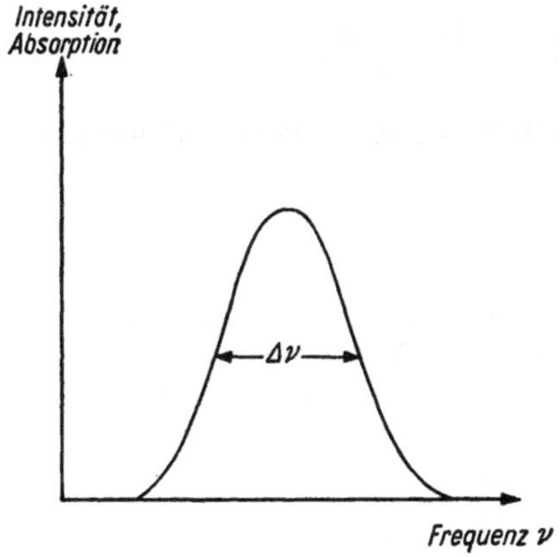

Abb. 2. Schematische Darstellung der Struktur einer Atomlinie ($\Delta\nu$: Halbwertsbreite; ν: Frequenz)

Die Halbwertsbreite einer Atomlinie wird bestimmt durch die für atomistische Mikroobjekte gültige HEISENBERGsche Unschärferelation. Diese besagt, daß sog. kanonisch konjugierte Größen (deren Produkt die Dimension einer Wirkung hat) nicht gleichzeitig genau bestimmbar sind, sondern mit der Unschärfe in der Größenordnung des PLANCKschen Wirkungsquantums behaftet sind. Ein solches Größenpaar bilden die Energie und die Zeit. Dieses Paar bildet die Basis für die Betrachtung der natürlichen Linienbreite, d. h. der immer vorhandenen Mindestbreite. Es gilt

$$h \cdot \nu = E_2 - E_1 \qquad (9)$$

bzw.

$$\nu = \frac{E_2 - E_1}{h} \qquad (10)$$

Wenn eine bestimmte Linienbreite auftritt, muß der Wert ν mit $\pm\Delta\nu$ unbestimmt sein. Dies kann sich nur durch die Unbestimmtheit der Energiezustände ergeben. Es gilt dann

$$\Delta\nu = \frac{\Delta E_2 - \Delta E_1}{h} \tag{11}$$

Für das Energie-Zeit-Paar gilt in erster Näherung und einfacher Darstellung

$$\Delta E \cdot \Delta t \approx h \quad \text{bzw.} \quad \frac{\Delta E}{h} \approx \frac{1}{\Delta t} \tag{12}$$

Für Δt kann man für den betrachteten Vorgang in erster Näherung die von vornherein sehr kurze Lebensdauer angeregter Zustände einsetzen (τ). Damit ergibt sich:

$$\frac{\Delta E}{h} = \frac{1}{\tau} \tag{13}$$

Durch Vereinigung der Gln. (11) und (13) erhält man

$$\Delta\nu = \frac{1}{\tau_2} - \frac{1}{\tau_1} \tag{14}$$

Geht man davon aus, daß der Zustand 1 der Grundzustand ist, der im allgemeinen eine lange Lebensdauer besitzt, so reduziert sich Gl. (14) auf $\Delta\nu = 1/\tau_2$.

Für sehr viele Linien liegt die Lebensdauer der angeregten Zustände in der Größenordnung von 10^{-8} s. Somit ergibt sich eine Schwankungsbreite von 10^8 Hz. Eine Umrechnung in gebräuchlichere Größen kann nach

$$\frac{\Delta\nu}{\nu} = \frac{\Delta\lambda}{\lambda} = \frac{\Delta\bar{\nu}}{\bar{\nu}} \tag{15}$$

erfolgen. Bei der Wellenlänge von 300 nm wäre bei Gültigkeit dieser Voraussetzungen die Halbwertsbreite einer Atomlinie $3 \cdot 10^{-5}$ nm.

Dieser Minimalwert wird durch bestimmte Parameter des Plasmas, wie Temperatur, Druck, elektrische und magnetische Felder, beeinflußt. Es ergibt sich in jedem Fall eine Linienverbreiterung. Für das Verständnis der AAS sind die Verbreiterungsfaktoren Temperatur und Druck wichtig.

Der Einfluß der Temperatur erfolgt auf der Basis des DOPPLER-Effektes. Dieser besagt, daß bei einer Relativbewegung zwischen einem strahlenden und einem die Strahlung empfangenden Objekt Frequenzverschiebungen auftreten. Bei der Atomspektroskopie bewegen sich die strahlenden Objekte — die freien Atome — entsprechend der BRAUNschen Molekularbewegung im Plasma. Die Geschwindigkeit nimmt mit der Temperatur zu. Sie ist durch die MAXWELL-BOLTZMANNsche Geschwindigkeitsverteilung bestimmt. Relativ zu den Atomen befindet sich der Strahlungsbeobachter — meistens ein Sekundärelektronenvervielfacher — in Ruhe. In Tab. 2 wurden einige Angaben über die resultierenden Halbwertsbreiten infolge des DOPPLER-Effektes bei unterschiedlichen Plasmatemperaturen zusammengestellt. Die Werte liegen etwa 2 Zehnerpotenzen über der natürlichen Linienbreite. Sie sind dem Ausdruck $\sqrt{T/M}$ (T: Temperatur; M: relative Atommasse) proportional.

Der Druck im Plasma — der 2. Parameter — beein-

Tabelle 2

DOPPLER- und Druckverbreiterung von Atomlinien in Abhängigkeit von der Temperatur

Atomart	relative Atommasse	Wellenlänge des Übergangs in nm	Linienbreiten bei folgenden Temperaturen in nm		
			2273 K	2773 K	3273 K
DOPPLER-Verbreiterung					
Na	23	589	0,004	0,0044	0,0048
Cu	63,5	324	0,0013	0,0014	0,0016
Druckverbreiterung					
Na	23	589	0,0032	0,003	0,0027
Cu	63,5	324	0,0009	0,0008	0,0007

flußt die Breite einer Atomlinie durch Zusammenstöße über die Relation zwischen Emission und strahlungsloser Energieübertragung. Mit zunehmendem Druck nimmt die Stoßzahl und damit auch die Zahl der strahlungslosen Energieübertragungen zu. Damit verkürzt sich die Zeit, die einem einzelnen Atom für die Emission zur Verfügung steht. In erster Näherung kann man diese verkürzte Zeit in Gl. (14) einsetzen. Einige Halbwertsbreiten, die sich aus der Druckverbreiterung ergeben, sind in Tab. 2 aufgeführt. Es sei noch darauf hingewiesen, daß es mehrere Effekte gibt, die zur Druckverbreiterung beitragen: STARK-Effekt (Stöße mit elektrisch geladenen Teilchen); VAN DER WAALS-Effekt (Stöße mit neutralen Teilchen); HOLTSMARK-Effekt (Stöße zwischen gleichen Teilchen). Entsprechend diesen Effekten gibt es auch Bezeichnungen für die Druckverbreiterung und unterschiedliche Theorien. Gebräuchlich sind auch noch die Begriffe Stoß- oder LORENTZ-Verbreiterung. Aus Tab. 2 geht hervor, daß die Druckverbreiterung bei den gebräuchlichen Plasmatemperaturen in der Größenordnung der DOPPLER-Verbreiterung liegt. Man kann schlußfolgern, daß die Atomlinienbreite bei Normaldruck und Plasmatemperaturen von 2000 bis 3500 K bei etwa 10^{-2} nm liegt.

Der Einfluß äußerer elektrischer und magnetischer Felder äußert sich in der STARK- bzw. ZEEMAN-Verbreiterung. Das Ausmaß dieser Verbreiterung hängt von der jeweiligen Feldstärke ab. Beide Verbreiterungen haben für das normale AAS-Prinzip keine Bedeutung. Auf die spezielle Anwendung des ZEEMAN-Effektes zur Untergrundkompensation bei der AAS wird im Abschnitt 3.7.5. eingegangen.

Im Ergebnis dieser Betrachtungen kann man folgendes feststellen:

1. Atomlinien sind sehr schmal im Vergleich zu Molekülbanden.
2. Die Linienbreite ist durch physikalische Plasmaparameter beeinflußbar.

2.3.3.3. *Der Absorptionskoeffizient in der AAS*

Der Absorptionskoeffizient ist infolge der geringen Halbwertsbreite der Atomlinien sehr von der Wellenlänge abhängig.

Als Maß für die Absorption kann man sowohl die Fläche unter der Kurve der Abb. 2 — die sogenannte integrale Absorption — als auch das Maximum dieser Kurve — die sogenannte maximale Absorption — betrachten.

Für die integrale Absorption ergibt sich

$$\int \varepsilon_\nu d\nu = \frac{\pi \cdot e^2}{m \cdot c} \cdot f \qquad (16)$$

(e: Ladung des Elektrons; m: Masse des Elektrons; c: Lichtgeschwindigkeit; f: Oszillatorstärke des Übergangs).

Dieser Ausdruck könnte praktisch in Gl. (6) oder (7) eingesetzt werden.

Für den Fall, daß die Halbwertsbreite der Atomlinie hauptsächlich durch die DOPPLER-Verbreiterung bestimmt wird, gilt für den maximalen Absorptionskoeffizienten

$$\varepsilon_{\lambda\max} = \frac{2\lambda^2}{\Delta\lambda_D} \sqrt{\frac{\ln 2}{\pi}} \frac{\pi \cdot e^2}{m \cdot c^2} \cdot f \qquad (17)$$

(vgl. Gl. (16); λ: Wellenlänge; $\Delta\lambda_D$: DOPPLER-Verbreiterung).

Auch dieser Ausdruck ist in Gl. (6) bzw. (7) einsetzbar. Beide Varianten liefern somit theoretische Grundlagen für die Ausnutzung der AAS zur quantitativen Elementbestimmung. Unterschiede und Schwierigkeiten ergeben sich jedoch bei der praktischen Realisierung der Varianten.

2.3.3.4. *Möglichkeiten und Probleme der Messung der integralen Absorption*

Eine Möglichkeit für die Messung der integralen Absorption besteht darin, unter Verwendung einer Kontinuumlampe und eines Spektrometers die Linienstruktur exakt zu ermitteln und die Fläche unter der erhaltenen Kurve zu bestimmen. Da hierfür mindestens 20 bis 40 Meßpunkte notwendig sind, müßte man in Schritten von $< 0{,}001$ nm messen. Dazu benötigte man neben einer sehr intensiven Lichtquelle ein Spektrometer mit einem Auflösungsvermögen von etwa 10^6. Solche Geräte sind teuer und auch mechanisch und thermisch sehr empfindlich, so daß sie für den Routineeinsatz ungeeignet sind. Außerdem wäre diese Meßtechnik sehr zeitaufwendig.

Wenn man ein gebräuchliches Spektrometer mit einem Auflösungsvermögen von etwa 10^3 bei einer spektralen Bandbreite von 0,1 nm verwenden will, ist eine derartige Messung der integralen Absorption nicht, sondern nur ein Energievergleich des eingestrahlten und durchgelassenen Lichtes möglich. Die Verhältnisse sind jedoch sehr ungünstig, denn vom Spektrometer wird vom eingestrahlten Kontinuum ein Bereich von 0,1 nm durchgelassen. Entsprechend der geringen Halbwertsbreite der Atomlinie wird aus diesem Bereich selbst bei 100%iger Absorption nur ein Bereich von 0,01—0,001 nm absorbiert. Das bedeutet, daß der Hauptteil des eingestrahlten Lichtes auch bei 100%iger Absorption durchgelassen wird. Für die praktische Analytik ist diese Variante wegen ihrer geringen Empfindlichkeit und des sich ergebenden schlechten Nachweisvermögens unbrauchbar.

2.3.3.5. Möglichkeiten und Probleme der Messung der maximalen Absorption

Will man die maximale Absorption unter Verwendung einer Kontinuumlichtquelle messen, so benötigt man ebenfalls ein hochauflösendes Spektrometer. Damit ergeben sich die gleichen Probleme wie sie bereits im Abschnitt 2.3.3.4. (erste Variante) beschrieben wurden. Auch diese Möglichkeit scheidet für die praktische Anwendung aus.

Walsh [6] schlug vor, für die Messung der maximalen Absorption spektrale Lichtquellen zu benutzen. Bei Anwendung spezieller spektraler Lichtquellen, gelingt es, die Halbwertsbreite der emittierten Atomlinien relativ zu der der Absorptionslinien zu senken. Solche Lichtquellen sind die Hohlkathodenlampen und die mit Hochfrequenz oder Mikrowellen angeregten elektrodenlosen Entladungslampen. Beide Lichtquellen arbeiten bei Unterdruck, somit ist die Druckverbreiterung und auch die Doppler-Verbreiterung geringer (vgl. dazu 3.2.). Bei Anwendung entsprechender Lampen stimmt die Wellenlänge der Emissionslinie mit der der Absorptionslinie überein. Somit wird durch diese Lichtquellen praktisch nur Licht in das Zentrum der Absorptionslinie eingestrahlt. Durch Messung der Gesamtabsorption einer solchen eingestrahlten Linie ermittelt man die maximale Absorption. Das Spektrometer (der Monochromator) besitzt nur noch die Aufgabe, eine einzelne Linie (z. B. die Resonanzlinie für den Übergang zwischen dem Grund- und dem ersten angeregten Zustand) von den anderen Linien der spektralen Lichtquellen abzutrennen. Die genannten spektralen Lichtquellen haben auch in dem engen Spektralgebiet eine hohe Intensität. Diese Variante hat sich für die praktische AAS durchgesetzt.

2.3.3.6. Anwendung der Messung der maximalen Absorption für die analytische AAS

Bei der für analytische Bestimmungen eingesetzten AAS wird, wie im voranstehenden Abschnitt dargelegt, die Messung der maximalen Absorption (Messung der Absorption an der Stelle des Maximums einer Atomabsorptionslinie) durchgeführt. Man verwendet hierfür spektrale Lichtquellen, deren Atomlinien eine geringe Halbwertsbreite und hohe Intensität besitzen. Dies führt zu einer hohen analytischen Empfindlichkeit und einem guten Nachweisvermögen. Der Nachteil dieser Meßvariante besteht darin, daß im allgemeinen für die Bestimmung jedes Elementes eine andere Lichtquelle verwendet werden muß (vgl. dazu auch 3.2.). Für die Realisierung dieser Meßvariante sind Monochromatoren mit reziproken Lineardispersionen von 1 bis 10 nm/mm einsetzbar. Damit sind Routinegeräte mit einem vertretbaren Aufwand herstellbar (vgl. dazu auch 3.4.).

Für die Beziehung zwischen Absorption und Konzentration lassen sich unter der Berücksichtigung der praktizierten Meßvariante entsprechende Gleichungen aufstellen. Aus Gl. (7) ergibt sich, wenn man c durch N_g (Teilchenzahl der neutralen im Grundzustand befindlichen Atome) ersetzt

$$E = \lg \frac{I_0}{I_D} = l \cdot N_g \cdot \varepsilon_\lambda' \qquad (18)$$

Für ε_λ' wird der Ausdruck aus Gl. (17) eingesetzt:

$$E = \frac{2\lambda^2}{\Delta\lambda_D} \cdot \sqrt{\frac{\ln 2}{\pi}} \cdot \frac{\pi e^2}{mc^2} \cdot f \cdot N_g \cdot l \qquad (19)$$

Für diesen Ausdruck kann man unter Berücksichtigung der Temperaturabhängigkeit der DOPPLER-Verbreiterung in vereinfachter Form auch schreiben

$$E = \frac{A}{\sqrt{T}} \cdot N_g \cdot l = \varepsilon_{\lambda\max} \cdot N_g \cdot l \qquad (20)$$

Unter der Berücksichtigung der Tatsache, daß erstens N_g mit der Gesamtzahl der Teilchen N nahezu identisch ist und daß zweitens nicht diese Plasmakonzentration, sondern die Konzentration in der Probe ermittelt werden soll, ergibt sich aus den Gln. (20) und (8)

$$E = \varepsilon_{\lambda\max} \cdot r \cdot c \cdot l \qquad (21)$$

Gl. (21) entspricht dem für die Spektralphotometrie entwickelten LAMBERT-BEERschen Gesetz.

Besonders günstige analytische Empfindlichkeiten werden erzielt, wenn die Halbwertsbreite der emittierten

Atomlinie sehr schmal gegenüber der Atomabsorptionslinie ist. Somit gilt auch im Fall der AAS die beschriebene 2. Grenzbedingung (monochromatisches Licht) des LAMBERT-BEERschen Gesetzes. Der Unterschied besteht darin, daß bei der Spektralphotometrie von Lösungen, deren absorbierende Spezies meistens breite Absorptionsbanden (50 bis 100 nm) besitzen, die Monochromasie, die mit einem gebräuchlichen Monochromator bei spektralen Bandbreiten von 0,1 bis 1 nm erreichbar ist, ausreichte. Die Monochromasie ist bei der Atomabsorptionsspektrometrie wegen der schmalen Absorptionslinien in viel extremerer Weise erforderlich.

2.3.4. *Allgemeines über spektrale Störungen in der AAS*

Ausgehend von Gl. (20) und der Tatsache, daß in einem realen Absorptionsplasma viele unterschiedliche Teilchen vorhanden sind, die sowohl Licht emittieren als auch absorbieren können, kann man eine erweiterte Gleichung formulieren

$$E = \frac{A}{\sqrt{T}} \cdot N_g \cdot l - B \cdot N_g - C \cdot N_g - D + E + F \qquad (22)$$

Die mit negativem Vorzeichen eingeführten Größen sollen Emissionsprozesse, die mit positivem Vorzeichen versehenen Größen Absorptionsprozesse charakterisieren. Die Größen haben folgende Bedeutung:

$-BN_g$: thermische Emission der gleichartigen speziellen Atome.

$-CN_g$: Atomfluoreszenz der gleichartigen speziellen Atome.

$-D$: Emission (vorwiegend thermisch) aller anderen Teilchen des Plasmas (Atome, Moleküle, feste und flüssige Körper).

$+E$: Lichtabsorption durch alle anderen Teilchen des Plasmas.

$+F$: Lichtstreuung durch vorwiegend größere (nicht verdampfte) Teilchen des Plasmas.

a) Die thermische Emission der Atome, deren Absorption gemessen werden soll, setzt voraus, daß diese freien Atome thermisch, d. h. durch Stoß 1. Art, im Absorptionsplasma angeregt werden. In diesem angeregten Zustand verweilen die Atome nur sehr kurze Zeit. Die aufgenommene Energie wird nach 10^{-8} s durch Strahlung oder auch durch Stoß 2. Art wieder abgegeben. Die Intensität der Emission hängt von der erforderlichen Anregungsenergie, der Plasmatemperatur und anderen Plasmaparametern ab. Da im allgemeinen die Messung der Atomabsorption beim energieärmsten Übergang erfolgt, kann die thermische Emission besonders bei leicht anregbaren Elementen mit Resonanzlinien > 400 nm bei diesen Wellenlängen nennenswerte Ausmaße erreichen. Sie führt zur Vergrößerung von I_D und verfälscht damit das Ergebnis. Die thermische Emission muß apparativ beseitigt werden (vgl. dazu 3.7.).

b) Die Atomfluoreszenz setzt voraus, daß die erzeugten freien Atome durch Absorption von Photonen in den angeregten Zustand übergehen. Diese Voraussetzung ist durch den Grundprozeß der Atomabsorption gegeben. Die darauf folgende Emission ist neben der strahlungslosen Energieabgabe ein möglicher Folgeprozeß. Bei Emission, d. h. Atomfluoreszenz erfolgt ebenfalls eine Vergrößerung von I_D und damit eine Verfälschung des Ergebnisses. Die Intensität der Atomfluoreszenz hängt von der Intensität der Anregungsstrahlung und anderen Parametern ab (vgl. dazu 3.7.). Es sei bereits jetzt darauf hingewiesen, daß die Intensität der Atomfluoreszenzstrahlung als Folge der AAS wegen der eingestrahlten Lichtintensitäten und der geometrischen Verhältnisse dieser Spektrometer sehr gering ist.

c) Alle anderen Teilchen des Plasmas können ebenfalls durch thermische Anregung Licht emittieren. Die Emission anderer freier Atome und Ionen führt wegen der Linienarmut der Emissionsspektren bei Plasmatemperaturen bis zu 3500 K kaum zu Störungen. Das von angeregten Molekülen und Radikalen emittierte Licht hat

Bandenstruktur und somit eine große Halbwertsbreite. In Abhängigkeit von der Zusammensetzung des Plasmas (Flammengase o. ä.) kann eine Emission als Untergrund an der untersuchten Atomlinie auftreten. Glühende feste oder flüssige Körper wie Graphitrohrwände oder nicht verdampfte Aerosolteilchen strahlen ein Kontinuum aus. Die Maximalintensität dieses Kontinuums verschiebt sich mit wachsenden Temperaturen in Richtung kürzerer Wellenlängen. Nennenswerte Intensitäten treten bei den Temperaturen der AAS im sichtbaren Spektralgebiet auf. Freie Atome und Ionen können bei entsprechender Wechselwirkung mit freien Elektronen Bremskontinua und freie Moleküle Dissoziationskontinua emittieren. In Abhängigkeit von der Lage der Resonanzlinien, der Plasmazusammensetzung und anderer Plasmaparameter kann diese unspezifische thermische Emission ebenfalls zur Erhöhung von I_D und somit zur Verfälschung des Ergebnisses führen. Die Ursachen müssen deshalb apparativ beseitigt werden.

d) Alle im Plasma vorhandenen Teilchen können Licht absorbieren. Die Lichtabsorption durch andere freie Atome, d. h. eine echte Koinzidenz von Absorptionslinien, kommt wegen der Linienarmut der Spektren der meisten Elemente nur sehr selten vor. Sie bereitet deshalb keine Probleme.

Die Absorption durch freie Moleküle und Radikale hat eine ungleich größere Bedeutung, weil die Absorptionsspektren entweder Bandenstruktur haben oder Kontinua darstellen. Damit ist ein Zusammenfallen mit einer untersuchten Atomabsorptionslinie viel wahrscheinlicher. Diese Lichtabsorption führt zu einer unspezifischen Verminderung von I_D und somit zu einer Vertälschung des Ergebnisses. Eine ausführliche Betrachtung dieses Problems erfolgt in Abschnitt 3.7.5.

e) Wie bereits im Punkt c) erwähnt, liegen in realen analytischen Plasmen fast immer nicht verdampfte, feste oder flüssige Teilchen vor. Diese Teilchen bewirken eine Streuung des eingestrahlten Lichtes (Rayleigh-

Streuung). Der Streukoeffizient nimmt mit abnehmender Wellenlänge nach $\tau \sim 1/\lambda^4$ stark zu. Da die meisten Resonanzlinien im Bereich zwischen 200 und 300 nm liegen, kann die Lichtstreuung ebenfalls sehr störend sein. Sie führt zu einer unspezifischen Verminderung von I_D und täuscht damit eine Lichtabsorption vor. Die Molekülabsorption laut Punkt d) und die Lichtstreuung werden oft unter dem Begriff unspezifische Absorption zusammengefaßt. In vielen Fällen ist es erforderlich, diese unspezifische Absorption apparativ zu kompensieren (vgl. dazu 3.7.5.).

3. Apparative Grundlagen

3.1. Allgemeiner Aufbau eines Atomabsorptionsspektrometers

Ausgehend von dem im Kap. 1. erläuterten Prinzip der analytischen Atomabsorptionsspektrometrie und den im Kap. 2. beschriebenen theoretischen Grundlagen, sollen jetzt die apparativen Grundlagen der AAS behandelt werden. Aus den bisherigen Darlegungen läßt sich ein allgemeines Schema für ein AA-Spektrometer ableiten (siehe Abb. 3).

3.2. Lichtquellen

Für die analytisch angewendete AAS werden spektrale Lichtquellen benötigt. Die Spektrallinien dieser Lichtquellen müssen, damit eine hohe analytische Empfindlichkeit erzielt werden kann, eine geringe Halbwertsbreite und eine hohe Intensität (zur Unterdrückung des Untergrundes) besitzen. Diese Eigenschaften besitzen vor allem Hohlkathodenlampen (HKL) und mit Hochfrequenz oder Mikrowellen angeregte elektrodenlose Entladungslampen (EDL = Electrodeless Discharge Lamps) (vgl. auch 2.3.3.5. und 2.3.3.6.).

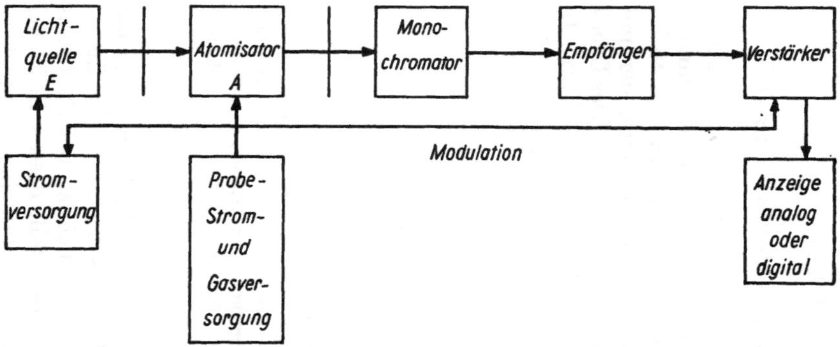

Abb. 3. Aufbau eines Atomabsorptionsspektrometers
(Lichtquelle (*E* = Emission): Hohlkathodenlampe (HKL), HF-Lampe (EDL); Atomisator (*A* = Absorption): Flamme, Graphitrohrküvette (GRK); Monochromator: Hauptsächlich Gittermonochromatoren; Empfänger: Sekundärelektronenvervielfacher (SEV); Verstärker: Lock in Verstärker – gekoppelt mit der Modulation; Anzeige; Meßinstrument, Schreiber, Leuchtziffern, Drucker; Stromversorgung: Gleichspannungsgerät (600 V), HF-Generator; Probeversorgung: Zerstäuber, Mikrodosiereinrichtung; Stromversorgung: Niederspannungstransformator für GRK; Gasversorgung: Zufuhr des Brenn- und Oxydationsgases für die Flamme)

3.2.1. Hohlkathodenlampen (HKL)

3.2.1.1. Aufbau und Wirkungsmechanismus der HKL

Der Aufbau einer HKL ist in der Abb. 4 schematisch dargestellt worden. Die HKL besteht aus einem zylinderförmigen Glaskörper mit einem Durchmesser von 40 bis 60 mm und einer Länge von 100 bis 200 mm, der mit Edelgas (meistens Neon oder Argon) gefüllt ist. Der Druck des Edelgases liegt bei 2 bis $8 \cdot 10^2$ Pa ($\approx$ 2—6 Torr). In den Glaskörper ist die Hohlkathode eingeschmolzen. Die Hohlkathode ist ein Metallkörper, der im allgemeinen

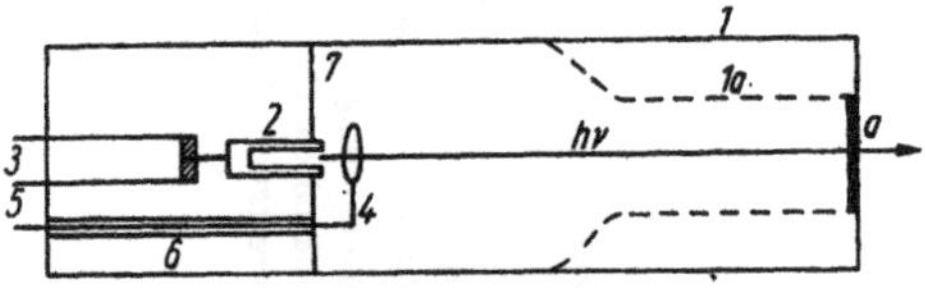

Abb. 4. Aufbau einer Hohlkathodenlampe (HKL)
(*1* — Glaskörper mit Glasfenster (Resonanzlinie im SI); *1a* — Glaskörper mit Quarzfenster (*a*) — Resonanzlinie im UV; *2* — Kathodenkörper aus Metall; *3* — Stromzuführung zur Kathode; *5* — zur Anode; *4* — Anode mit Getterring; *6* — Isolation der Anode; *7* — Glimmerscheibe zur Abschirmung der Kathode)

eine zylindrische Form hat und eine zylindrische Bohrung besitzt. Die Art des Metallkörpers bestimmt die Eigenschaften der Lampe. Wenn es möglich ist, besteht er aus einem reinen Metall bzw. Halbmetall, dessen Licht bei Betrieb emittiert wird. Wenn das Metall eine entsprechende mechanische Bearbeitung nicht erlaubt (z. B. zu spröde wie beim As; zu aggressiv wie bei den Erdalkalien; zu weich bzw. flüssig wie bei Ga und Hg) oder auch wenn das Material zu teuer ist (wie z. B. bei den Platinmetallen), so verwendet man Hilfsmaterialien (Stahl o. ä.) zur Gestaltung des Kathodenkörpers. Die Innenwände der Kathode werden dann mit dem entsprechenden Material ausgekleidet (z. B. durch Blech, Sintermaterialien, Preßlinge usw.). Öfter werden auch Legierungen als Kathodenkörper verwendet. In diesem Fall wird bei Betrieb das Licht aller Legierungskomponenten emittiert. Das kann man z. B. zum Bau der sogenannten Mehrelementlampen ausnutzen.

Neben der Kathode befindet sich die Anode. Sie besteht aus einem einfachen Draht eines möglichst inerten Materials wie W oder Mo. Der Draht wird bis kurz vor dem Ende mit einem isolierenden Überzug (Glas, Quarz, Keramik) überzogen. Oftmals ist an das Ende der Anode — gegenüber der Kathode — ein Getterring angesetzt. Dieser dient zur Reinigung der HKL bei ihrer Herstellung.

In den meisten Fällen wird zur Abschirmung der Kathode eine Glimmerscheibe angebracht. Dadurch wird die Entladung auf den Innenraum der Kathode konzentriert.

Zur Zündung der Entladung wird eine Gleichspannung von etwa 600 V an die Elektroden angelegt. Infolge dieser Gleichspannung ionisiert ein Teil der Edelgasatome unter Bildung freier Ionen und Elektronen. Durch das anliegende elektrische Feld werden die Edelgasionen in Richtung Kathode und die freien Elektronen in Richtung Anode beschleunigt. Die freien Elektronen können durch Stöße weitere Atome ionisieren. Sie fließen über die Anode ab. Die Edelgasionen treffen mit einer bestimmten kinetischen Energie auf die Innenflächen des Kathodenkörpers auf. Durch den Aufprall werden Metallatome aus der Oberfläche herausgeschlagen (Sputter-Effekt). Die Edelgasionen werden entladen und kehren in den Raum zurück, wo sie wiederum ionisieren können. Die freien Metallatome können durch Wechselwirkung (über Stoßprozesse) mit freien Elektronen oder beschleunigte Edelgasionen in angeregte Zustände überführt werden. Nach der Anregung gehen sie — infolge des Unterdruckes bevorzugt durch Lichtemission — wieder in den Grundzustand über. Die Hohlkathodenentladung ist eine Glimmentladung, die der Grimmschen Glimmentladung ähnlich ist. Das emittierte Licht verläßt den Kathodenraum und die Lampe durch das an der Stirnseite angebrachte Quarzfenster. HKL für Elemente mit Resonanzlinien im sichtbaren und nahen ultravioletten Spektralgebiet können auch mit Glasfenstern ausgestattet sein.

3.2.1.2. Charakteristik von HKL

Infolge des in den HKL herrschenden Unterdruckes erfolgt eine starke Reduzierung der Druckverbreiterung. Weiterhin befindet sich das Plasma der HKL nicht im thermischen Gleichgewicht. Infolge des Unterdruckes ist der Energieausgleich zwischen den Teilchen durch Stoßprozesse behindert. Die verschiedenen Teilchenarten (Atome, Ionen und Elektronen) besitzen unterschiedliche Temperaturen $T_{e-} > T_I > T_{At}$. Infolge der relativ niedrigen Temperatur der Atome ist auch die DOPPLER-Verbreiterung der Spektrallinien nicht sehr groß. Durch diese Temperaturverhältnisse im Plasma erfolgt eine Überanregung der Atome bezogen auf deren Temperatur und dem zugehörigen thermischen Gleichgewicht. Somit ergeben sich die zwei wesentlichsten Vorteile der HKL zu: Sie verfügen über eine hohe Intensität besonders der Resonanzlinien, die Spektrallinien haben eine geringe Linienbreite.

Die Betriebsbedingungen einer gezündeten Hohlkathodenlampe sind: Spannungsabfall in der Lampe 100 bis 200 V; Stromstärke 5 bis 30 mA. Der Spannungsabfall in der Lampe stellt sich zwischen der Kathode und Anode in Abhängigkeit vom Kathodenmaterial, dem Füllgasdruck usw. ein. Die Stromstärke wird vom Anwender eingestellt. Dabei gilt als Regel, die Stromstärke so klein wie möglich zu wählen. Eine niedrige Stromstärke bewirkt eine geringe Lampentemperatur und somit eine geringe Halbwertsbreite der Linien. Eine Grenze für die Verminderung der Stromstärke besteht durch die gleichzeitig abnehmende Intensität der HKL. Durch die dann erforderliche hohe Verstärkung verschlechtert sich das Signal-Untergrund-Verhältnis. Zu große Stromstärken bewirken neben schlechten spektralen Eigenschaften des Lichtes auch eine geringere Lebensdauer der Lampen.

Neben der DOPPLER-Verbreiterung tritt mit zunehmender Stromstärke eine Linienverbreiterung durch Selbstabsorption auf. Die durch den Sputter-Effekt in den Gaszustand überführten Atome kondensieren im Falle leicht verdampfbarer Elemente nicht schnell, sondern bilden vor dem Kathodenkörper eine relativ „kühle" Atomwolke. Diese Atome strahlen nicht mehr, sie können aber das im Kathodenraum emittierte Licht absorbieren. Infolge der geringen Temperatur der Teilchen dieser Atomwolke erfolgt die Absorption bevorzugt im Zentrum der Emissionslinie. Schematisch sind die Verhältnisse in Abb. 5 dargestellt.

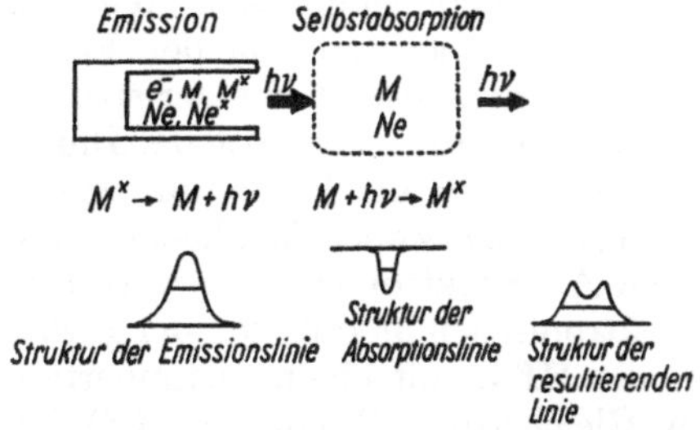

Abb. 5. Schematische Darstellung der Selbstabsorption in Hohlkathodenlampen (e^-: Freie Elektronen; M, M^x: Freie Metallatome im Grund- und angeregten Zustand; $h\nu$: Photonen; Ne, Ne^x: Neonatome im Grund- und angeregten Zustand)

Die Intensitätsverminderung in der gewünschten Strahlungsrichtung tritt einmal durch die räumlich nicht gerichtete Strahlung der durch die Absorption angeregten Atome M^* (Atomfluoreszenz) und zum anderen durch strahlungslose Übergänge dieser Atome M^* (Stöße 2. Art) ein. Die verminderte Intensität und die erhöhte Linienbreite wirken sich ungünstig bei der analytischen Anwendung aus.

Eine erhöhte Stromstärke bewirkt vor allem bei leicht verdampfbaren Elementen auch eine zunehmende Verdampfung des Kathodenmaterials, welches sich an den Glaswänden der Lampe niederschlägt. Damit sinkt die Lebensdauer der HKL. Bei Ablagerungen auf der Quarzscheibe sinkt deren Transparenz.

Weitere Begrenzungen der Lebensdauer der HKL sind durch die Adsorption des Füllgases, durch Freisetzung von molekularen Gasen (vor allem Wasserstoff) aus Metalleinschlüssen und Metallverbindungen gegeben. Die molekularen Gase tragen durch Bandenemission zur Erhöhung des Untergrundes bei. In einigen Fällen können die HKL durch zusätzliches Gettern (Betrieb bei umgekehrter Polung) regeneriert werden.

Es gibt mehrere Möglichkeiten für die Verbesserung der Intensitäten der HKL. Die erste Möglichkeit, die von White vorgeschlagen worden war und von der Firma Perkin-Elmer beschritten wurde, besteht in einer speziellen Gestaltung des Hohlraumes der Hohlkathode. Durch die besondere Formgebung wurde die Verdampfung des Kathodenmaterials reduziert. Die zweite Möglichkeit, die fast bei allen modernen AA-Spektrometern verwirklicht wird, besteht in der elektronischen Modulation der Lichtquelle. Betreibt man die HKL mit einem modulierten, d. h. unterbrochenen Gleichstrom (Frequenz: 100 bis 300 Hz) und einem Strahlungs-Pause-Verhältnis von 1:1, so kann man die Stromstärke ohne Schaden für die Lampe auf das Doppelte erhöhen. Damit erhöht man die Intensität der Strahlung, ohne die spektralen Eigenschaften des Lichtes zu verschlechtern. (Über die anderen durch Lichtmodulation erreichbaren Vorteile siehe 3.7.2.) Eine dritte Möglichkeit ergibt sich zumindest für einige Elemente durch die Anwendung anderer Lichtquellen (vgl. 3.2.2.).

Für den Betrieb der HKL benötigt man entsprechende Vorschaltgeräte. In den meisten Fällen arbeiten diese Geräte mit Stromstabilisierung. Auf diese Weise wird die Intensität der HKL konstant gehalten. Eine gute Kurz-

und Langzeitkonstanz der HKL-Intensität ist besonders für Einstrahl-AA-Spektrometer wie z. B. beim AAS 1 oder AAS 1 N des VEB Carl Zeiss Jena wichtig.

3.2.2. *Elektrodenlose Entladungslampen (EDL)*

Für einige Elemente wie As, Sb, Se, Te u. a. lassen sich HKL nur in schlechter Qualität herstellen. Die Gründe hierfür sind vor allem folgende: Die genannten Elemente sind mechanisch schlecht bearbeitbar und sind leicht verdampfbar. Sie haben Siedepunkte unter 1273 K. Die genannten Elemente haben Resonanzlinien im Bereich

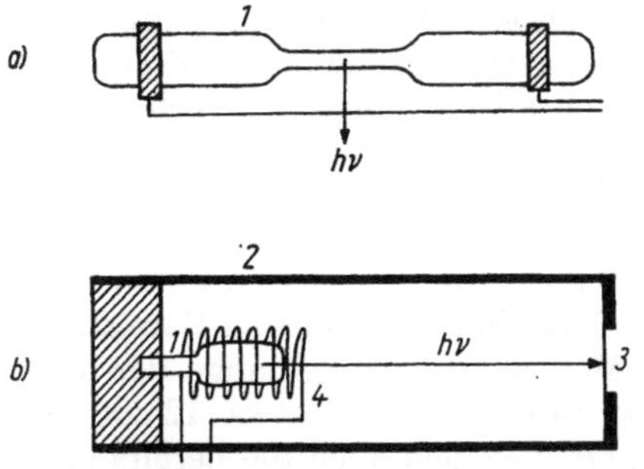

Abb. 6. Aufbau von HF-angeregten elektrodenlosen Entladungslampen (EDL) a) einfache Lampe mit kapazitiver HF-Energieübertragung, b) kommerziell hergestellte Lampe mit induktiver HF-Energieübertragung (*1* – Lampenkörper aus Quarz; *2* – zylindrischer Metallkörper; *3* – Austrittsfenster aus Quarz, *4* – Hochfrequenzspule)

von 200 nm. Sie sind somit schwer anregbar. Die produzierten HKL sind charakterisiert durch geringe Lebensdauer und geringe Intensität. Aus diesen Gründen war man bemüht, eine andere Lampenart als Ergänzung zu den Hohlkathodenlampen zu entwickeln. Dies sind die sog. elektrodenlosen Entladungslampen oder EDL.

Der Aufbau einer EDL ist in Abb. 6 schematisch dargestellt. Im einfachsten Fall bestehen die Lampen aus einem abgeschmolzenen Quarzrohr, das kapazitiv an die Hochfrequenzenergie des Senders gekoppelt ist (Abb. 6, Teil a). Im Falle der Anregung durch Mikrowellen befindet sich dieses Quarzrohr meistens in einem entsprechenden Resonatorraum. Die kommerziell hergestellten EDL sind in die AA-Spektrometer einsetzbar. Sie haben die äußere Form einer HKL (Abb. 6, Teil b). In der Mitte dieser EDL befindet sich ebenfalls ein abgeschmolzenes Quarzrohr, welches meistens induktiv mit der anregenden HF-Strahlung verbunden ist.

Die Quarzrohre enthalten ein Edelgas (Ne oder Ar) bei vermindertem Druck (2 bis $8 \cdot 10^2$ Pa bzw. 2—6 Torr) und eine bestimmte Menge (meistens 1 bis 2 mg) des Elementes, dessen Licht angeregt werden soll. Die Anregung dieser Quarzrohre zur Strahlung erfolgt durch hochfrequente, elektromagnetische Wechselfelder. Man unterscheidet im allgemeinen die Hochfrequenzanregung bei Frequenzen zwischen 10 und 100 MHz (gebräuchlich sind z. B. 27 MHz und 90 MHz) von der Mikrowellenanregung bei Frequenzen von 2450 MHz. Die daraus resultierenden Wellenlängen liegen bei der Hochfrequenz im Bereich von wenigen bis etlichen Metern. Die Wellenlänge der angeführten Mikrowellenstrahlung beträgt etwa 12 cm. Aus diesen Unterschieden ergeben sich auch die bereits angeführten Möglichkeiten für die Übertragung der Energie auf die EDL.

Die ersten Erfahrungen mit EDL wurden im Zusammenhang mit der Entwicklung der Atomfluoreszenzspektrometrie als Analysenmethode gewonnen. Parallel dazu erfolgten auch die Untersuchungen über den Anregungsmechanismus der EDL.

Beim Anlegen der hochfrequenten, elektromagnetischen Wechselfelder werden einige der im Quarzrohr befindlichen Edelgasatome ionisiert. Reicht die Energie hierfür nicht aus, so muß mit einem Tesla-Funken die notwendige Elektronenkonzentration in den EDL erzeugt werden. Die freien Elektronen werden durch das Wechselfeld praktisch trägheitslos beschleunigt und erhalten somit eine hohe kinetische Energie. Durch Stoßprozesse wird ein Teil dieser Energie auf Ionen und Atome übertragen. Infolge der sich ergebenden Erwärmung und auch durch Stoßprozesse geht das eingeschmolzene Element in den Gaszustand über. Die freien Atome werden ebenfalls durch Stöße in angeregte Zustände überführt (meistens durch Stöße mit freien Elektronen) und beginnen zu strahlen. Im Ergebnis dieser Betrachtungen kann man feststellen, daß im Plasma der EDL ebenso wie in dem der HKL kein thermisches Gleichgewicht vorliegt. Die Temperatur der Elektronen liegt höher als die der anderen Teilchen. Die resultierende Strahlungsintensität der Atome ist höher als der Temperatur der Atome entsprechen würde. Die Ursache für diese Überanregung ist die hohe Temperatur der freien Elektronen.

Wie aus dieser Darlegung hervorgeht, fallen bei dieser Anregungsart die für den HKL-Bau und -Betrieb negativen Eigenschaften der genannten Elemente wie z. B. die schlechte mechanische Bearbeitbarkeit und die leichte Verdampfbarkeit weg. Die zuletzt genannte Eigenschaft ist sogar außerordentlich günstig für den EDL-Betrieb. Verglichen mit den HKL, haben die EDL der eingangs genannten Elemente eine viel höhere Strahlungsintensität und auch eine größere Lebensdauer. Die spektralen Eigenschaften des Lichtes sind denen der HKL gleich. Das Licht der EDL läßt sich ebenfalls modulieren. Die Modulation kann sowohl mechanisch als auch elektronisch erfolgen. Es lassen sich auch Mehrelementlampen herstellen. Letztere haben sich bis jetzt jedoch noch nicht durchgesetzt.

Im Vergleich zu den HKL können sich bei den EDL Probleme hinsichtlich der Konstanz der Lichtintensität ergeben. Bei Zweistrahl-Spektrometern wirken sich solche Effekte jedoch nicht stark aus. Wichtig ist ferner eine gute thermische Isolierung der EDL. Der Metallmantel der kommerziellen Lampen dient u. a. dazu. Die beschriebenen einfachen EDL werden am besten in einem thermostatierten Gasstrom (die Temperaturen liegen bei 300 bis 700 K und sind jeweils zu optimieren) betrieben.

Gegenwärtig werden von einigen Firmen wie Perkin-Elmer, Westinghouse und Pye-Unicam EDL für folgende Elemente angeboten: Sb, As, Bi, Cd, Cs, Ge, Pb, Hg, P, K, Rb, Se, Te, Tl, Sn, Ti, Zn.

Da diese Lampen teurer als die HKL sind, soll noch kurz eine Bewertung erfolgen. Vorteile bringen die EDL gegenüber den HKL aus den genannten Gründen bei den folgenden Elementen: Sb, As, Se, Te, P, Hg und evtl. den Alkalien. Keine wesentlichen Vorteile sind bei den anderen EDL zu erwarten, denn auch die entsprechenden HKL besitzen sehr gute Eigenschaften.

Für den Betrieb von EDL benötigt man entsprechende Hochfrequenzgeneratoren oder Mikrowellensender. Die Leistungen, die diese Geräte abgeben müssen, liegen zwischen 5 und 50 Watt. Eine wichtige Voraussetzung für den praktischen Betrieb ist, daß die abgegebene und auch die übertragene Leistung konstant gehalten werden kann. In den meisten Fällen werden die EDL im Impulsbetrieb angeregt. Die Modulationsfrequenzen liegen zwischen 50 und 300 Hz (vgl. dazu auch 3.7.2.).

3.3. Atomisatoren

3.3.1. Allgemeines

Die Aufgabe der Atomisatoren ist es, aus den Analysenproben mit einem hohen Wirkungsgrad freie Atome zu erzeugen. Mit der Ausbeute an freien Atomen bezogen auf die vorliegende Probe wird direkt die Emptindlichkeit des Analysenverfahrens beeinflußt. Der Atomisierungsprozeß soll auch reproduzierbar sein. Es muß auch eine direkte Proportionalität zwischen der Konzentration des zu bestimmenden Stoffes in der Probe und der Konzentration der Atome im Absorptionsplasma bestehen. Diese Forderungen sind wichtig für die Reproduzierbarkeit des gesamten Analysenverfahrens und im Zusammenhang mit der hohen Atomausbeute auch für das Nachweisvermögen. Die unter allen Bedingungen z. B. bei wechselnder Probeart nach Möglichkeit zu erzielende Proportionalität zwischen der Atomkonzentration im Plasma und der Konzentration in der Probe ist eine wichtige Voraussetzung für die Richtigkeit der Analysenverfahren.

Für die Atomisierung der Probe ist eine Energiezufuhr erforderlich, die im allgemeinen im Absorptionsraum durch chemische Prozesse (Flammen), elektrische Widerstandserhitzung (Graphitrohrküvetten, Quarzrohratomisatoren) und Lichtenergie (Laserverdampfung) zur Verfügung gestellt wird. Jede dieser genannten Atomisierungsvarianten hat bestimmte Eigenschaften, Vorteile und Nachteile, die in den folgenden Abschnitten behandelt werden sollen.

3.3.2. *Atomisierung durch Flammen*

3.3.2.1. *Allgemeine Arbeitsweise*

Bei der normalen Flammenatomabsorptionsspektralphotometrie (Flammen-AAS), die sich — historisch gesehen — aus der Flammenemissionsspektralphotometrie zuerst entwickelte, benötigt man die Analysenprobe in gelöster bzw. flüssiger Form. Mit Hilfe eines Zerstäubers werden die Lösungen in ein Flüssig-Gas-Aerosol überführt. Diese Aerosole werden in die Flamme transportiert und dort verdampft. Die Dauer des Absorptionssignals wird durch die Dauer der Zerstäubung bestimmt. Die Methode bietet gute Voraussetzungen für eine Mechanisierung bzw. Automatisierung.

3.3.2.2. *Zerstäuber-Brenner-Kombinationen*

Es sind zwei Grundtypen von Zerstäuber-Brenner-Kombinationen bekannt (vgl. dazu Abb. 7):

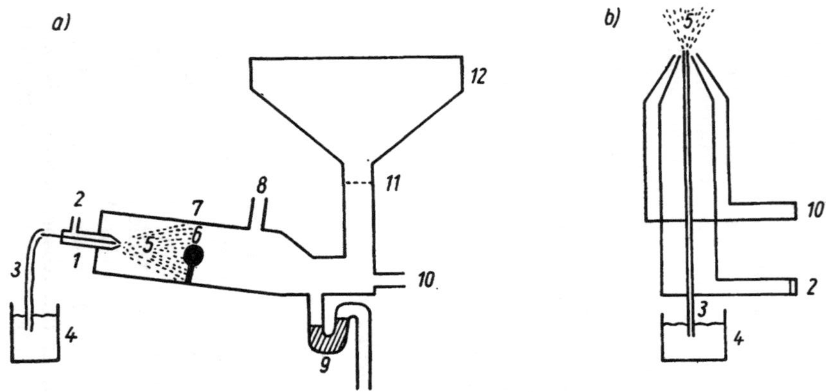

Abb. 7. Schematische Darstellung eines Laminar-Schlitzbrenners mit einem Vorkammerzerstäuber (a) und eines Turbulenz-Direkt-Zerstäuber-Brenners (b)
(*1* – Zerstäuber; *2* – Zerstäubungsgaszufuhr (Oxydationsgas); *3* – Ansaugkapillare für die Probelösung *4*; *5* – Aerosol; *6* – Prallfläche; *7* – Zerstäubungsgefäß; *8* – Hilfsgaszufuhr zur Flammenoptimierung (Oxydationsgas); *9* – Überlauf für kondensierte Flüssigkeit; *10* – Brenngaszufuhr; *11* – Sieb zur Gashomogenisierung; *12* – Laminar-Schlitzbrenner)

1. Vorkammerzerstäuber mit davon getrennt angeordneten Laminarbrennern. Eine solche Kombination kann eingesetzt werden, wenn die für die Verbrennung benutzten Gase vorgemischt werden können und ohne „durchzuschlagen" laminar verbrennen.
2. Direktzerstäuber-Brenner-Kombinationen für turbulente Flammen. Diese Kombination ist erforderlich, wenn infolge zu hoher Brenngeschwindigkeit (Reaktionsgeschwindigkeit der miteinander reagierenden Gase) keine laminare Flamme erzeugt werden kann.

Beide Typen sind für die AAS genutzt worden. Es hat sich jedoch herausgestellt, daß die erste Variante viele Vorteile besitzt, so daß heute die zweite Variante nur noch für Spezialzwecke eingesetzt wird. Von den einschlägigen Herstellern wird meistens nur die erste Variante geliefert.

3.3.2.2.1. Vorkammerzerstäuber

Die Aufgabe des Zerstäubers ist die Aerosolerzeugung. Folgende Gesichtspunkte sind bei der Bewertung eines Zerstäubers zu berücksichtigen:

1. Der Zerstäuber soll eine hohe Effektivität besitzen. Darunter ist zu verstehen, daß bei einem möglichst geringen Lösungsverbrauch ein hoher Wirkungsgrad erzielt wird. Weiterhin ist es wichtig, daß vor allem kleine Tröpfchen entstehen.
2. Der Zerstäuber muß reproduzierbar arbeiten. Damit ist verbunden, daß der Lösungsverbrauch und die erzeugte Aerosolmenge konstant sind und daß ein möglichst homogenes Tröpfchenspektrum vorliegt.
3. Der Zerstäuber soll schnell arbeiten. Das bedeutet, daß eine hohe Probefrequenz möglich ist. Voraussetzung dafür sind eine geringe Totzeit (erforderliche Zeit für die Wasserzerstäubung zwischen 2 Proben) und geringe Memory-Effekte.

Das einfachste Prinzip für die Aerosolerzeugung aus Lösungen ist die pneumatische Zerstäubung. Man verwendet fast ausschließlich das jeweilige Oxydationsgas (Oxydans) als Zerstäubungsgas. Es gibt im wesentlichen zwei apparative Lösungen für einen pneumatischen Zerstäuber — den Ringspalt- und den Winkelzerstäuber (Abb. 8).

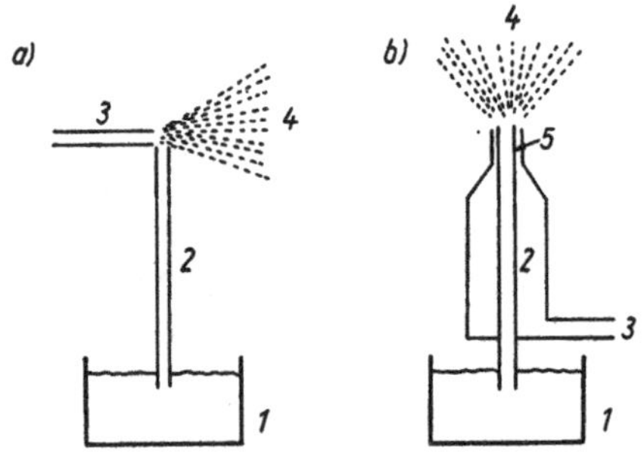

Abb. 8. Schematische Darstellung eines pneumatischen Winkelzerstäubers (a) und eines pneumatischen Ringspaltzerstäubers (b).
(*1* – Probelösung; *2* – Ansaugkapillare; *3* – Gaszufuhr; *4* – Aerosol; *5* – Ringspalt)

In modernen AA-Spektrometern wird hauptsächlich der Ringspaltzerstäuber eingesetzt. Ein Problem des Ringspaltzerstäubers ist das zu verwendende Material. Sowohl für die Kapillare als auch für den Zerstäuberkopf werden möglichst inerte Substanzen wie Platin, Tantal und Edelstahl verwendet. Trotzdem ist es möglich, daß bei ständiger Zerstäubung saurer Lösungen Korrosion auftritt, die sich in einer kontinuierlichen, aber nicht reproduzierbaren Abgabe metallischer Bestandteile des Zerstäubers an die zerstäubte Lösung und damit in einem starken Rauschen des AA-Signals bemerkbar machen kann. In diesem Fall hilft nur ein Auswechseln des Zerstäubers bzw. seiner Kapillare. Um solche Probleme zu vermeiden, wurden auch Glas-Ringspaltzerstäuber entwickelt. Hier ergeben sich technische Probleme hinsichtlich der Justierung der Kapillare. In neuerer Zeit erfährt jedoch der Glas-Ringspaltzerstäuber im Zusammenhang mit der Entwicklung des Hochfrequenz-Plasmabrenners (ICP) eine gewisse Renaissance.

Aus Glas lassen sich besonders gut die Winkelzerstäuber herstellen. Die geringere Effektivität — vor allem wegen der Bildung zu großer Aerosoltröpfchen — versucht man durch eingebaute Prallflächen (z. T. auch bei Ringspaltzerstäubern üblich), an denen größere Tröpfchen zerschlagen werden sollen, zu verbessern.

Die Vorteile des Ringspaltzerstäubers gegenüber dem Winkelzerstäuber sind in der besseren Effektivität und höheren Reproduzierbarkeit zu sehen.

Neben der pneumatischen Zerstäubung wird auch die Zerstäubung durch Ultraschall für analytische Zwecke eingesetzt. Die Ultraschallzerstäubung ist effektiver, besonders einfach ist die Relation zwischen Gasströmung und Zerstäubungsgeschwindigkeit wählbar. Ein Nachteil dieser Zerstäubung ist, daß infolge des sehr feinen Aerosols relativ starke Memory-Effekte auftreten. Außerdem wird ein teures Zusatzgerät — der Ultraschallgenerator — benötigt.

Ringspaltzerstäuber haben einen Wirkungsgrad von etwa 10%, d. h. 90% der zerstäubten Lösung kondensieren bereits im Zerstäubergefäß. Man hat versucht, diesen Nachteil durch beheizte Zerstäuberkammern zu beheben. Durch die Erwärmung sollen große Tröpfchen, die schnell kondensieren würden, durch Lösungsmittelverdampfung verkleinert werden. Hinsichtlich des Wirkungsgrades erzielt man mit dieser Methode tatsächlich Erfolge. Es treten jedoch starke Störungen durch zunehmende Memory-Effekte auf.

Zusammenfassend kann festgestellt werden: Der Ringspaltzerstäuber aus Metall kommt z. Z. den eingangs dieses Abschnittes aufgestellten Forderungen am nächsten. Er wird im allgemeinen mit Zerstäubungsraten von etwa 5 ml/min betrieben.

Bei der Zerstäubung ist auch auf die reproduzierbare Einstellung der Parameter des Gasdurchsatzes und auf die Lösungseigenschaften zu achten:

1. Gasvordruck und Gasströmungsgeschwindigkeit müssen konstant sein.
2. Es dürfen nur Lösungen ähnlicher Viskosität und Oberflächenspannung miteinander verglichen werden.
3. Größere Schwankungen der Umgebungstemperatur und Lösungstemperatur sind zu vermeiden, denn sowohl die Viskosität und Oberflächenspannung als auch die für die Zerstäubung wichtigen Relationen zwischen Kapillar- und Düsendurchmesser des Zerstäubers ändern sich mit der Temperatur.

In der Zerstäuberkammer wird dem Aerosol das Brenngas zugemischt. Das Aerosol-Oxydans-Brenngas-Gemisch soll am Brennerkopf möglichst homogen sein. Dies wird erreicht durch eine bestimmte Gasführung zum Brenner, in die Prallflächen oder auch Siebe eingebaut sind (vgl. Abb. 7). Weiterhin muß es möglich sein, daß die Relationen zwischen Brenn- und Oxydationsgas optimal eingestellt werden können. Weil bei einer optimalen Zerstäubung die Oxydationsgasgeschwindigkeit festgelegt ist und andererseits zur Erzeugung einer ruhig brennenden Flamme eine Mindestbrenngasmenge erforderlich ist, benötigt man zur Realisierung einer optimalen Flamme noch die Möglichkeit für die Zuführung eines zusätzlichen Oxydationsgasstromes (Zusatzluft).

3.3.2.2.2. Laminarbrenner

In der AAS ist man zur Erhöhung der Empfindlichkeit an einem möglichst langen Absorptionsweg interessiert. Man hat deshalb für die AAS Schlitzbrenner mit Schlitzlängen zwischen 50 und 120 mm konstruiert. Die Schlitz breiten liegen meistens unterhalb 1 mm.

Wenn konzentrierte Salzlösungen in Aerosole überführt werden, kann es zu Salzabscheidungen am Brennerkopf kommen. Man vermindert diesen Effekt durch Einsatz von Mehrschlitzbrennern.

Die Brennerköpfe sollten aus inertem Material wie Titan oder Edelstahl hergestellt werden. Es ist oftmals von Vorteil, wenn der Brennerkopf durch Luft- (Kühlrippen aus Metall) oder Wasser-Kühlung gekühlt wird.

Die Flammen der beschriebenen Zerstäuber-Brenner-Kombination zeichnen sich durch eine gute Homogenität aus, das bedeutet, daß sich ein größeres Flammenvolumen nahezu im thermischen Gleichgewicht befindet. Sie brennen außerdem sehr ruhig und stabil. Laminare Flammen lassen sich betreiben, wenn die Brenngeschwindigkeit der Gase kleiner als 5 m/s liegt (vgl. Tab. 3).

3.3.2.2.3. Direkt-Zerstäuber-Brenner-Kombination

Das in Abb. 7 dargestellte Schema einer Direkt-Zerstäuber-Brenner-Kombination zeigt, daß sich das Brenngas und das Oxydationsgas erst an der Brennstelle mischen. Dadurch ist ein Durchschlagen des Brenners unmöglich. Durch die im Zentrum angebrachte Kapillare wird infolge der starken Strömung des Oxydationsgases die Probelösung angesaugt. Dieser innere Teil ist praktisch ein Ringspaltzerstäuber. Neben der Anwendbarkeit auf viele schnell brennende Gasmischungen hat dieses System noch den Vorteil, daß die gesamte angesaugte Lösung in die Flamme gelangt. Infolge der Turbulenz der Flamme und des nicht homogenen Tröpfchenspektrums wird trotzdem kein besseres Nachweisvermögen erzielt.

Auch hinsichtlich der Reproduzierbarkeit hat dieser Brennertyp deutliche Nachteile gegenüber dem Laminarbrenner. Für die AAS ist er auch deshalb nicht besonders geeignet, weil er sich nicht als Schlitzbrenner gestalten läßt. In der Vergangenheit hatte die Firma Beckman Instruments versucht, diesen Nachteil durch 3 hinter-

Tabelle 3

Flammentypen und ihre Eigenschaften

Oxydationsgas	Brenngas	Verbrennungs-enthalpie in kcal/mol	erreichbare Temperatur in K	Brenn-geschwindigkeit in cm/s	Transparenz — qualitativ	Flammentyp lam.: *L* turb.: *T*
$4N_2/O_2$ Luft	C_2H_2 Acetylen	106	2500	260	+	*L*
$4N_2/O_2$ Luft	CH_4 Methan	91	2150	82	+	*L*
$4N_2/O_2$ Luft	H_2 Wasserstoff	58	2300	440	++	*L*
N_2O Lachgas	C_2H_2 Acetylen	100	3100	180	—	*L*
O_2 Sauerstoff	H_2 Wasserstoff	58	2900	3680	++	*T*
O_2 Sauerstoff	C_2H_2 Acetylen	106	3400	2480	—	*T*
O_2 Sauerstoff	$(CN)_2$ Dicyan	126	5000	—	—	*T*
O_2 Sauerstoff	C_4N_2 Acetyldinitril		5300		—	*T*
O_3 Ozon	C_4N_2 Acetyldinitril		6300		—	*T*
F_2 Fluor	H_2 Wasserstoff		4500		+	*T*

++ : Sehr gute Transparenz; + : Gute T.; — : Schlechte T.

einander in den Strahlengang gebrachte Brenner zu beseitigen. Dieses System benötigte jedoch eine sehr große Lösungsmenge. Heute wird diese Variante nicht mehr betrieben. Aus praktischer Sicht ist noch zu bemerken, daß die Verbrennung schnell reagierender Gase mit einer starken Geräuschbelästigung (Schweißbrenner) verbunden ist.

Hinsichtlich der erzielbaren Temperaturen ist der Direkt-Zerstäuber-Brenner dem Laminarbrenner einesteils überlegen, andererseits jedoch unterlegen. Die Überlegenheit ist darauf zurückzuführen, daß mit bestimmten turbulent brennenden Gasmischungen (vgl. Tab. 3) höhere Temperaturen erreicht werden können. Würde man jedoch laminar brennbare Gase mit einem Turbulenzbrenner betreiben, so wäre die Plasmatemperatur im Turbulenzbrenner wegen der Inhomogenität des Plasmas niedriger als im Laminarbrenner.

Zusätzlich ist zu bemerken, daß die turbulente Flamme infolge ihrer Inhomogenität ein starkes optisches Rauschen besitzt. Dieses beeinflußt sowohl die I_0-Intensität als auch die I_D-Intensität.

3.3.2.3. Flammen

3.3.2.3.1. Flammenarten

Die Flammen müssen die Energie für die Überführung der Lösungen in freie Atome liefern. Je nach der Zusammensetzung der Lösungen und der Eigenschaften der in ihnen enthaltenen Salze und anderen Stoffe werden unterschiedliche Energiebeträge benötigt. Für die Messung des durch die freien Atome hervorgerufenen AA-Signals ist es weiterhin günstig, wenn die Flamme selbst nur geringe Beträge des eingestrahlten Lichtes absorbiert, d. h. die Flamme soll lichtdurchlässig, transparent sein. Es gibt keine Gasmischung, die allen Forderungen gerecht werden kann. Aus diesem Grund werden AA-

Spektrometer so hergestellt, daß ein Betrieb mit mehreren unterschiedlichen Flammenarten möglich ist. In Tab. 3 sind einige typische Flammen und ihre wichtigsten Eigenschaften zusammengestellt.

Die am häufigsten verwendete Flamme ist die C_2H_2-Euft-Flamme. Sie besitzt eine für viele Verdampfungs- Lnd Dissoziationsprozesse ausreichende Temperatur und uuch eine gute Transparenz. Erst unterhalb 230 nm beainnt eine zunehmende Eigenabsorption der Flamme. Die g_2H_2-Luft-Flamme ist für die Bestimmung folgender Clemente zu empfehlen: (Mg), (Ca), (Sr), (Ba), Cr, (Mo), Mn, Tc, Fe, Ru, (Os), Co, Rh, Ir, Ni, Pd, Pt, Cu, Ag, Au, Zn, Cd, Hg, (Ga), In, Tl, Pb, Sb, Bi. Für die in ( ) gesetzten Elemente sind auch andere Flammen günstig.

Niedrigere Temperaturen (etwa bis zu 2000 K) lassen sich mit den Brenngasen CH_4, H_2, C_3H_8 (Propan) und C_4H_{10} (Butan) oder auch dem Stadtgas erzeugen. Man verwendet diese Flammen bei der Bestimmung leicht verdampfbarer und leicht dissoziierbarer Salze, wenn diese auch leicht anregbar oder ionisierbar sind. Das ist z. B. bei den Alkalimetallsalzen der Fall. Allerdings ist zu berücksichtigen, daß die AAS für die praktische Alkalianalytik nur eine geringe Bedeutung hat. Günstiger für die Bestimmung der Alkalien sind Emissionsmethoden wie die Flammenemissionsspektrometrie unter Verwendung einer C_2H_2-Luft-Flamme (vgl. Kap. 5.).

Die H_2-Luft-Flamme besitzt gegenüber den kohlenstoffhaltigen Flammen eine geringere Eigenabsorption. Erst unterhalb 210 nm nimmt die Transparenz der Flamme ab. Unter Verwendung von Wasserstoff werden in einigen Fällen auch die H_2-Ar- bzw. die H_2-N_2-Diffusionsflammen eingesetzt. Argon bzw. Stickstoff dienen als Zerstäubungsgas. Diesem Aerosol wird Wasserstoff zugemischt. An der Brenneroberfläche wird dieses Gemisch gezündet. Der Wasserstoff verbrennt durch die von außen eindiffundierende Luft (vgl. auch [7]). Diese Flamme besitzt eine sehr gute Transparenz, so daß sie bis zu 190 nm verwendet werden kann. Allerdings liegen die Temperaturen relativ niedrig (600—1000 K). Für die Bestimmung solcher Elemente, deren Resonanzlinien im fernen UV liegen, wie es z. B. beim As (193,7 nm) und Se (196,0 nm) der Fall ist, und auch für Sn (224 nm) sind diese Flammen mit Vorteilen einsetzbar. Voraussetzung für derartige Bestimmungen ist jedoch, daß die Flammentemperatur ausreicht, freie Atome zu erzeugen. Das ist nur in Gegenwart leicht verdampfbarer Matrices der Fall, z. B. in verdünnten, reinen Lösungen.

Für viele Elemente, welche stabile zweiatomige Moleküle vor allem mit Sauerstoff bilden bzw. deren Verbindungen schwer verdampfbar sind, reichen die Temperaturen der C_2H_2-Luft-Flamme nicht aus. Es war deshalb ein großer Fortschritt für die AAS als Willis [8] die heißere, laminar brennende C_2H_2-N_2O-Flamme (Lachgas-Flamme) einführte. Trotz der etwas geringeren Verbrennungsenthalpie liegen die Temperaturen dieser Flamme 500 bis 600 K höher als die der C_2H_2-Luft-Flamme. Das liegt an dem geringeren Stickstoffanteil der Lachgas-Flamme. Ein Nachteil dieses Flammentyps besteht in der relativ starken Eigenemission und auch schlechten Transparenz.

Mit dieser Flamme können folgende Elemente bestimmt werden: Be, Mg, (Ca), (Sr), (Ba), Sc, Y, La, Pr, Nd, Sm, Eu, Gd, Tb, Er, Dy, Ho, Tm, Yb, Lu, U, Ti, Zr, Hf, V, Nb, Ta, Mo, W, Re, (Os), B, Al, Si, Ge, (Sn). Für die in () gesetzten Elemente sind auch andere Flammen zu empfehlen (s. o.). Bei der Entscheidung über den Flammentyp muß man vor allem auch die vorliegende Matrix und besonders deren Verdampfbarkeit kennen. Schwer verdampfbare Matrices lassen sich besser in heißeren Flammen verdampfen. In solchen Fällen erreicht man oft auch für gut verdampfbare Spuren in heißeren Flammen die besseren analytischen Ergebnisse.

Der Untergrund der C_2H_2-Luft- und auch der C_2H_2-N_2O-Flamme läßt sich reduzieren, wenn die Flammen nicht im direkten Kontakt mit der Umgebungsluft brennen. Die Umgebungsluft bewirkt durch sekundäre Verbrennungen (s. u.) vor allem des CO zum CO_2 starke Emissionen und Absorptionen. Die Abtrennung von der Außenluft (Terminus: abgetrennte Flammen) kann auf zwei Wegen erfolgen:

1. Das Flammenplasma wird durch eine bestimmte Brennergestaltung von Argon oder Stickstoff umspült.
2. Die Flammengase werden sofort durch ein Rohr (Quarz) geleitet. Diese Variante kann auch zur Verlängerung des Absorptionsweges ausgenutzt werden. Sie wurde auch für turbulente Flammen ausprobiert.

Bisher blieben diese Flammentypen jedoch nur Spezialzwecken vorbehalten.

3.3.2.3.2. Flammenstruktur

Die Reaktion in der C_2H_2-Luft-Flamme erfolgt nach folgender Gleichung:

$$C_2H_2 + 1{,}5\,O_2 + 6\,N_2 \rightarrow 2\,CO + H_2O + 6\,N_2 \qquad (23)$$

Diese Reaktion läuft in der ersten Verbrennungszone ab. Oberhalb dieser Verbrennungszone, die sich als blauer Kegel oberhalb des Brennerkopfes ausbildet, liegt in vertikaler Richtung in mehr oder weniger großer Ausdehnung (etwa 20 bis 30 mm) die reaktionsfreie Zone, in welcher in erster Näherung thermisches Gleichgewicht herrscht. Durch die von außen in die Flamme hineindiffundierende Luft werden die noch oxydierbaren Bestandteile — vor allem CO — in der äußeren sekundären Verbrennungszone verbrannt.

Durch die Veränderung des Oxydationsgas-Brenngas-Verhältnisses kann man die Eigenschaften der Flamme beeinflussen. Stellt man das Verhältnis so ein, daß die obige Gleichung erfüllt ist, so spricht man von einer stöchiometrischen Flamme. Sie liegt vor, wenn ein gut ausgebildeter blauer Kegel zu sehen ist und noch keine starke Gelbfärbung der Flamme durch überschüssigen Kohlenstoff erfolgt. Diese Flamme besitzt die optimale Temperatur und hat leicht reduzierende Eigenschaften. Erhöht man den Anteil des Oxydationsgases, so erhält man kühlere, oxydierende Flammen, die durch eine kleinere, scharfe, primäre Verbrennungszone gekennzeichnet sind. Bei zu starker Erhöhung der Oxydationsgaszufuhr kann man die Flamme ausblasen. Erhöht man den Brenngasanteil, so sinkt die Temperatur der Flamme ebenfalls ab, aber die reduzierenden Eigenschaften vergrößern sich. Außerdem verbessert sich die Homogenität des Flammenplasmas oberhalb der ersten Verbrennungszone. In der Praxis werden vor allem die stöchiometrischen, leicht reduzierend wirkenden Flammen angewandt.

Die Reaktion in der C_2H_2-N_2O-Flamme läuft nach folgender Gleichung ab:

$$C_2H_2 + 3N_2O \rightarrow 2CO + H_2O + 3N_2 \qquad (24)$$

Es treten außerdem CN-Radikale auf.

Auch diese Flamme besitzt eine primäre Verbrennungszone, die bläulich-weiß aussieht. Erhöht man den Acetylenanteil, so bildet sich eine rot leuchtende Reduktionszone heraus, deren Höhe je nach Flamme bis 20 mm beträgt. In dieser Reduktionszone ist vor allem der Sauerstoffpartialdruck sehr niedrig. Auch der H_2O-Partialdruck ist reduziert, der Wasserstoffpartialdruck ist jedoch angestiegen. Das bedeutet, daß die Flamme in dieser Zone sehr stark reduzierend wirkt.

Bei vielen Elementen mit starker Oxidbildung wie z. B. Zr, Ti, Hf, Al, den Seltenen Erden u. a. wird die Atomkonzentration in dieser Flamme besonders durch die Reduktion nach

$$MO + (CH; H_2) \rightarrow M + (CO\ ; H_2O) \qquad (25)$$

gesteigert. Man stellt fest, daß das AA-Signal mit zunehmendem Acetylengehalt immer größer wird. Damit wird gleichzeitig bewiesen, daß die Reduktion in diesen heißen Flammen eine große Bedeutung für die Atombildung besitzt. Der Steigerung des Acetylengehaltes sind jedoch praktische Grenzen gesetzt. Mit zunehmendem Acetylengehalt tritt zuerst eine starke Eigenemission (Gelbfärbung) auf. Bei noch höherem Gehalt setzt sich Kohlenstoff in Form von graphitartigem Ruß am Brennerschlitz ab. Dadurch wächst der Brennerschlitz allmählich zu. Durch diesen Effekt werden bereits in der Anfangsphase die Gasströmungsgeschwindigkeiten verändert. Die Beseitigung dieser Abscheidung ist zwar durch einfaches Abkratzen möglich, für den Routinebetrieb jedoch unbequem, so daß zu empfehlen ist, zwischen der hohen Empfindlichkeit und der besseren Handhabbarkeit einen Kompromiß zu schließen.

Bei beiden Flammen ist es auch möglich, brennbare und nicht brennbare organische Lösungen als Aerosol (vom Vorkammerzerstäuber erzeugt) in die Plasmen einzuführen. Je nach Zerstäubungsgeschwindigkeit und Lösungsmittel muß das Oxydans-Brenngas-Verhältnis neu eingestellt werden. Organische Lösungsmittel können zu einer besseren analytischen Empfindlichkeit führen.

3.3.2.4. Wirkungen der Flammen

Die Vorgänge, die in der Flamme ablaufen können, sind in der Abb. 9 dargestellt worden.

3.3.2.4.1. Verdampfung oder Verbrennung der Lösungsmittel

Im allgemeinen ist dieser Vorgang nicht problematisch, denn der Energieinhalt der Flammen reicht aus, um Aerosolteilchen mit einem Durchmesser von 1 bis 10 μm bei Strömungsgeschwindigkeiten von 10 m/s nach 0,03 bis 3 mm Weg vollständig zu verdampfen. Bei Laminarbrennern mit Vorkammerzerstäuber sind diese Parameter etwa verwirklicht, so daß in der Beobachtungszone

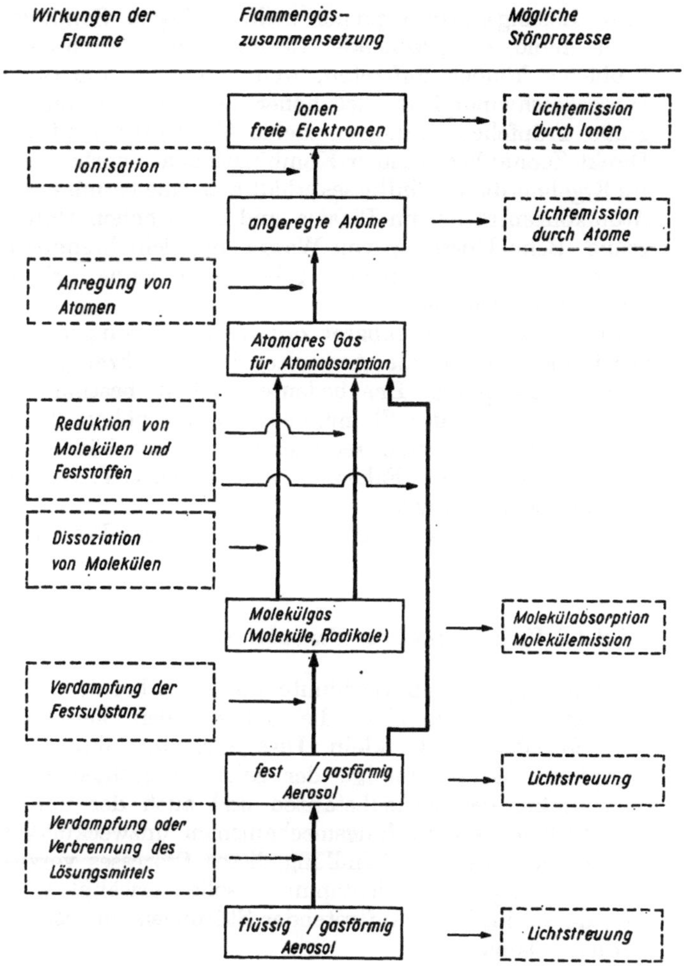

Abb. 9. Schematische Darstellung der Prozesse, die in einer aerosolhaltigen Flamme ablaufen

keine Lösungsmitteltröpfchen mehr vorliegen. Somit ist auch keine entsprechende Lichtstreuung vorhanden. Probleme können auftreten, wenn entweder die Strömungsgeschwindigkeit viel höher liegt oder wenn zu große Tröpfchen vorliegen. Beide Tendenzen sind bei Direkt-Zerstäuber-Brenner-Kombinationen vorhanden. Im Ergebnis dieses Einflusses erhält man eine verminderte Atomkonzentration im Plasma und einen hohen Untergrund. Beim Übergang von Wasser auf nicht brennbare organische Lösungsmittel ergeben sich keine prinzipiellen Unterschiede.

In Gegenwart brennbarer organischer Lösungsmittel verbrennen jedoch die Aerosolteilchen gleichzeitig mit ihrer Verdampfung. Das bedeutet, daß in bestimmten kleinen Bezirken der Flamme sowohl eine höhere Temperatur als auch eine reduzierende Atmosphäre entstehen kann. Beide Faktoren wirken sich z. T. positiv auf die Atombildung aus.

Im Resultat dieser Prozesse ergibt sich ein Fest-Gas-Aerosol.

3.3.2.4.2. Verdampfung der Festsubstanz

Da im allgemeinen verdünnte Lösungen bei der AAS eingesetzt werden, sind die entstehenden Fest-Gas-Aerosol-Teilchen sehr klein. Dies erleichtert ihre Verdampfung. Es ist infolge der sehr unterschiedlichen Siedepunkte der Festsubstanzen und auch der unterschiedlichen Verdampfungsmechanismen unzweckmäßig eine zu detaillierte Behandlung dieses Prozesses vorzunehmen. Folgende Gesichtspunkte sollen erwähnt werden, da sie im Falle auftretender Störungen untersucht werden müssen:

1. Die Verdampfung kann direkt oder über die Schmelze erfolgen. Letzteres kann durch die parallel laufende Homogenisierung des Materials zu schwer verdampfbaren Doppeloxiden führen.

2. Die Betrachtung der Relation zwischen Flammentemperatur und Siedepunkten ist nützlich. Es ist jedoch zu berücksichtigen, daß der Partialdruck der verdampften Teilchen niemals 1 at erreicht. Beispielsweise beträgt der Siedepunkt für NaCl 2023 K und für CaO 3123 K. Trotzdem können beide Substanzen in der C_2H_2-Luft-Flamme verdampft werden.
3. Über Zersetzungs- und Reduktionsprozesse ist die Bildung freier Atome direkt aus dem Festkörper möglich.

Bei nicht vollständiger Verdampfung ergibt sich eine verminderte Atomkonzentration und ein erhöhter Untergrund durch die Zunahme der Lichtstreuung. Brennbare organische Lösungsmittel können die gleichen positiven Einflüsse ausüben, wie sie in Abschnitt 3.3.2.4.1. beschrieben wurden.

Im Resultat kommt es zur Bildung von vorwiegend zweiatomigen Molekülen und Radikalen und im geringeren Umfang zur Bildung freier Atome.

3.3.2.4.3. Dissoziation und Reduktion von Molekülen

Nach der erfolgten Verdampfung und Molekülbildung ist zur Erzeugung der gewünschten freien Atome die Zersetzung der Moleküle erforderlich. Dies kann durch die thermische Dissoziation oder auch durch eine chemische Reduktion erfolgen. Betrachten wir am Beispiel des NaCl-Moleküls die thermische Dissoziation. Sie kann durch folgende Gleichung dargestellt werden:

$$\mathrm{NaCl} \rightleftharpoons \mathrm{Na} + \mathrm{Cl} \qquad (26)$$

Für diese Gleichgewichtsreaktion ist das Massenwirkungsgesetz anwendbar

$$\frac{p_{\mathrm{Na}} \cdot p_{\mathrm{Cl}}}{p_{\mathrm{NaCl}}} = K_D \qquad (27)$$

(p: Partialdampfdruck; K_D: Dissoziationskonstante).

Auch die übliche Angabe des Reaktionsausmaßes als Dissoziationsgrad α ist möglich:

$$\alpha = \frac{p_{Na}}{p_{Na} + p_{NaCl}} = \frac{p_{Na}}{\bar{p}_{NaCl}} \tag{28}$$

($\bar{p}_{NaCl}$: Gesamtpartialdruck aller Na-enthaltenden Teilchen).

Der Zusammenhang zwischen der Dissoziationskonstante und dem Dissoziationsgrad ergibt sich durch Kombination der Gln. (27) und (28) zu

$$\frac{\alpha^2}{1-\alpha} = \frac{K_D}{\bar{p}_{NaCl}}. \tag{29}$$

Aus diesen Darlegungen kann man für die Atombildung folgende Schlußfolgerungen ziehen:

1. Die Dissoziationskonstante ist abhängig von der Dissoziationsenergie des Moleküls. Da sich die Dissoziationsenergien von Molekülen erheblich unterscheiden (z. B. NaCl — 4,2 eV; NaJ — 3,1 eV, AlF — 6,8 eV, AlCl — 5,1 eV, InCl — 4,5 eV, InO — 3,3 eV), ergeben sich in Abhängigkeit von der Zusammensetzung des Mediums unter vergleichbaren thermischen Bedingungen des Plasmas unterschiedliche Dissoziationsgrade. Das bedeutet, daß die Atomkonzentration und damit auch das AA-Signal des Metalls in Abhängigkeit vom Medium schwanken kann.
2. Die Dissoziationskonstante ist eine Funktion der Temperatur. Mit zunehmender Temperatur wird die Dissoziation der Moleküle vollständiger sein. Durch ausreichend hohe Temperaturen können z. B. die eben gezeigten Effekte durch das Medium ausgeschaltet werden.
3. Aus Gl. (27) geht hervor, daß das Verhältnis von p_{Na}/p_{NaCl} vom Partialdampfdruck des Chlors p_{Cl} beeinflußt wird. Der Partialdampfdruck des Chlors ist wiederum von der Gesamtkonzentration des Cl^- der Probelösung abhängig. Ein hoher p_{Cl}-Wert, der in

diesem Fall z. B. durch die Gegenwart von viel KCl (Bestimmung von NaCl im KCl) hervorgerufen werden könnte, verschiebt das Gleichgewicht in Richtung des undissoziierten NaCl-Moleküls. Somit können Eichkurven, die für die Bestimmung des Na in reinen wäßrigen Lösungen aufgestellt wurden, nicht auf die Bestimmung von NaCl im KCl angewandt werden.

4. Aus Gl. (28) geht hervor, daß der Dissoziationsgrad α eine Funktion des Gesamtpartialdruckes aller Na-enthaltender Teilchen ist. Mit zunehmendem Gesamtpartialdruck, d. h. mit zunehmender Konzentration der Lösungen, sinkt der Dissoziationsgrad ab. Das ist auf zunehmende Assoziationsprozesse zurückzuführen. Somit ergibt sich aus einer Konzentrationserhöhung in der Lösung keine proportionale Erhöhung des p_{Na}-Wertes im Plasma. Eine Folge davon sind Eichkurven, die in Richtung der Konzentrationsachse gekrümmt sind. Solche Eichkurven sind typisch für die AAS.

Neben der thermischen Dissoziation von Molekülen spielen auch chemische Reaktionen eine nicht zu unterschätzende Rolle. Solche Reaktionen sind vor allem mit Flammengasen bzw. deren Reaktionsprodukten möglich. Ein Beispiel für eine Reaktion ist:

$$CaO + CH \rightarrow Ca + CO + 1/2\,H_2 \qquad (30)$$

Neben diesen Reaktionen, die freie Atome produzieren, können aber auch Reaktionen stattfinden, die zu Molekülen führen, z. B.

$$In + CCl_4 \rightarrow InCl + CCl_3^* \qquad (31)$$

Die mehr oder weniger starke Molekülzersetzung durch thermische Dissoziationen oder chemische Reaktionen und die ggf. erfolgende Molekülbildung beeinflussen die Konzentration freier Atome und damit das AA-Signal derselben direkt. Außerdem kann die Gegenwart von Molekülen zu Untergrundeffekten wie Molekülemission und Molekülabsorption führen.

3.3.2.4.4. Anregung von Atomen

Die thermische Anregung von Atomen ist in Flammenplasmen nur für leicht anregbare M-Atome möglich. Da sich die reaktionsfreie Zone des Flammenplasmas nahezu im thermischen Gleichgewicht befindet, kann man das Verhältnis zwischen angeregten Atomen und Atomen im Grundzustand durch eine BOLTZMANN-Verteilung beschreiben (vgl. dazu auch Gl. (5), Abschnitt 2.3.). Aus Tab. 1 geht hervor, daß bei Temperaturen zwischen 2273 und 3273 K diese Verhältnisse sehr auf der Seite des Grundzustandes liegen. Somit wirkt sich dieser mögliche Prozeß nicht entscheidend auf die AA-Signale aus. Allerdings tritt infolge der Gleichartigkeit von Absorption und Emission ggf. genau an der Stelle der zu absorbierenden Wellenlänge eine spezifische Eigenemission auf, die kompensiert werden muß (vgl. dazu 3.7.1. und 3.7.2.).

3.3.2.4.5. Ionisation von Atomen

Freie Atome mit Ionisierungsenergien unterhalb von 6 eV ionisieren in Flammenplasmen besonders in der heißen C_2H_2-N_2O-Flamme mehr oder weniger stark. Man kann für diesen Ionisationsprozeß folgende Gleichung formulieren:

$$M \leftrightharpoons M^+ + e^- \tag{32}$$

Da es sich um eine Gleichgewichtsreaktion handelt, kann man das Massenwirkungsgesetz anwenden:

$$\frac{p_{M^+} \cdot p_{e^-}}{p_M} = K_I \tag{33}$$

(K_I: Ionisationskonstante).

Dies ist eine einfache Formulierung der SAHA-Gleichung. Für den Ionisationsgrad β gilt

$$\beta = \frac{p_{M^+}}{p_M + p_{M^+}} = \frac{p_{M^+}}{\overline{p}_M} \tag{34}$$

Damit ergibt sich folgender Zusammenhang zwischen dem Ionisationsgrad und der Ionisationskonstanten

$$\frac{\beta^2}{1-\beta} = \frac{K_I}{\bar{p}_M} \tag{35}$$

Aus diesen Darlegungen lassen sich einige Schlußfolgerungen ziehen:

1. In Abhängigkeit von der Ionisierungsenergie der einzelnen Metallatome wird die Ionisation ein stärkeres oder schwächeres Ausmaß annehmen. Einflüsse sind bei den Alkalien, Erdalkalien, den Seltenen Erden und einigen weiteren Elementen zu erwarten.
2. Die Ionisation tritt besonders in den Hochtemperaturflammen auf.
3. Das Ionisationsgleichgewicht hängt vom Gesamtpartialdruck an freien Elektronen ab. Der Elektronendruck wird in Flammen hauptsächlich durch die zugeführten Salze bestimmt. Das bedeutet, daß der Elektronendruck stark von der Matrix abhängt. Ist die Matrix leicht ionisierbar, dann ergibt sich ein hoher Elektronendruck und für eine leicht ionisierbare Spur eine Verschiebung des Gleichgewichtes in Richtung der freien Atome. Diesen Effekt kann man bewußt zur Veränderung des Gleichgewichtes ausnutzen, indem man den Probelösungen leicht ionisierbare Stoffe zusetzt. Praktiziert wird das z. B. bei der Bestimmung des Ba, welche vorzugsweise in der heißen C_2H_2-N_2O-Flamme durchgeführt wird. Zur Zurückdrängung der Ionisation des Ba werden den Lösungen Na- oder K-Salze zugesetzt.
4. Mit zunehmender Gesamtkonzentration der M-Komponente vermindert sich nach Gl. (35) der Ionisationsgrad. Damit erhöht sich der Anteil der freien Atome mit zunehmender M-Konzentration stärker als diese. Es werden Eichkurven erhalten, die in Richtung der Meßwertachse gekrümmt sind. Auch diese Störung kann man durch Zusatz eines leicht ionisierbaren Stoffes beseitigen.

3.3.3. Atomisierung in elektrothermischen Atomisatoren

3.3.3.1. Definition und allgemeine Arbeitsweise

Unter elektrothermischen Atomisatoren versteht man solche Atomisatoren, bei denen ein elektrisch leitender Körper (Probeträger) aus thermisch stabilem, möglichst chemisch inertem Material (z. B. C, Ta, Mo) durch Widerstandserhitzung programmiert, mehr oder weniger schnell auf eine hohe Temperatur aufgeheizt wird. Vor der Erwärmung gibt man meistens mittels einer Mikropipette die Probe in gelöster Form auf den Probeträger (Dosierung). Die Dosierungsvolumina liegen im allgemeinen zwischen 5 und 100 μl. Es ist jedoch auch die direkte Dosierung von Feststoffen möglich. Nach der Dosierung erfolgt die Erwärmung des Probeträgers nach einem gewählten Programm. Die erste Phase bei verhältnismäßig niedrigen Temperaturen dient der Trocknung der dosierten Lösung (Temperaturen zwischen 300 und 500 K). Die zweite Phase bei mittleren Temperaturen (500 bis 2500 K) dient der Überführung des Rückstandes in eine bestimmte Form und außerdem nach Möglichkeit der thermischen Abtrennung störender Begleitsubstanzen (Matrix) von der zu bestimmenden Spur. In der dritten Phase soll der verbliebene Rückstand möglichst schnell verdampft und atomisiert werden. Das geschieht durch eine möglichst schnelle Aufheizung des Probeträgers. In dieser Phase erfolgt die Messung der Atomabsorption. Im Gegensatz zur Flammen-AAS erhält man bei dieser Technik ein Peak-Signal, dessen Höhe oder Fläche mit der Konzentration im Zusammenhang steht. Das gesamte System befindet sich zum Schutz der thermisch belasteten Bauteile in einer Edelgasatmosphäre (vorwiegend Argon), die gegebenenfalls noch reduzierende Gase wie Wasserstoff oder Methan enthält. Die Widerstandserhitzung selbst wird wegen des geringen elektrischen Widerstandes der Probeträger durch Niederspannungsströme (5 bis 20 V) erreicht. Die dann benötigten Stromstärken liegen zwischen 100 und 1000 A.

Ein Vorschaltgerät für einen elektrothermischen Atomisator besteht im wesentlichen aus dem Niederspannungstransformator, Leistungswiderständen für den Abgriff bestimmter gewünschter Spannungswerte zur Temperaturregelung des Probeträgers und Zeitschaltuhren zur Regelung des zeitlichen Ablaufs der 3 Phasen.

3.3.3.2. *Arten elektrothermischer Atomisatoren*

Die ersten, bereits 1961 publizierten und in den folgenden Jahren auch umfangreichsten Untersuchungen zur Anwendung elektrothermischer Atomisatoren in der AAS wurden von Lwow [9] durchgeführt. Er setzte für diesen Zweck den Kohlerohrofen nach King ein. Ausgehend von diesen Arbeiten entwickelte Massmann 1968 einen einfacher handhabbaren, impulsartig beheizten Kohlerohrofen, der heute allgemein als Graphitrohrküvette (GRK) bekannt ist [10]. Seit dieser Zeit begann eine intensive Entwicklung der Techniken der elektrothermischen Atomisierung, die auch als flammenlose AAS bekannt geworden sind. An dieser Stelle sei darauf hingewiesen, daß sich in jüngster Zeit eine modifizierte Form der Graphitrohrtechnik, die Plattformtechnik, entwickelt.

Man unterscheidet folgende Typen elektrothermischer Atomisatoren:

a) Geschlossene Systeme:

Hierzu zählen alle Graphitrohrküvetten. Lwow [9] verwendete eine Konstruktion, bei der ein 10 cm langes mit Ta-Folie ausgekleidetes Graphitrohr oder ein 5 cm langes Rohr aus pyrolytischem Graphit in einer abgeschlossenen Inertgasatmosphäre (meist Ar) durch Widerstandserhitzung aufgeheizt wurden. Die Rohrenden waren durch Quarzscheiben verschlossen. Die Probezufuhr erfolgte auf einem stabförmigen Graphitprobeträger, der in eine Bohrung des Rohres eingeführt wurde. Der Probeträger wurde durch einen Lichtbogen, der zwischen dem Graphitstab und einer Hilfselektrode oder auch dem Graphitrohr gezündet wurde, erhitzt, so daß die Probe in das Innere des Rohres hinein verdampfen konnte. Infolge der relativ langen Aufenthaltsdauer der Atome im Strahlengang erreichte LWOW mit dieser Anordnung ausgezeichnete Nachweisgrenzen im pg-Bereich.

Einen ähnlichen Atomisator entwickelte WOODRIFF [11, 12]. Bei ihm wird ein 30 cm langes Graphitrohr durch elektrische Widerstandserhitzung ständig auf die erforderliche hohe Temperatur erhitzt. Die Probezufuhr erfolgt entweder durch die Einfuhr von Aerosolen oder durch einen Graphitstab, der durch das heiße Rohr aufgeheizt wird. Die erzielten Nachweisgrenzen waren schlechter. Außerdem ist dieser Atomisator wegen des langsamen Probewechsels für die praktische Analytik nicht so geeignet.

Der von MASSMANN entwickelte Atomisator wird impulsartig beheizt. Die Enden des Graphitrohres sind meistens offen. Er arbeitet nach der im Abschnitt 3.3.3.1. beschriebenen Arbeitsweise. Auf der Basis dieser Arbeiten entwickelten viele einschlägige Firmen entsprechende Atomisatoren. Die dabei verwendeten Graphitrohre haben im allgemeinen folgende Dimensionen: Länge 2—5 cm, innerer Durchmesser: 4—8 mm). Über die Einsatzmöglichkeiten, die Charakteristik und die Probleme dieser Technik wird in den nächsten Abschnitten berichtet.

Neben Graphit wurden auch Metalle, wie Mo, Ta u. a. in Rohrform in Atomisatoren eingesetzt.

b) Offene Systeme:

Bei offenen Systemen werden einfachere Körper wie Stäbe, Drähte, Bleche u. a., auf die die Probe aufgebracht wurde, durch elektrische Widerstandserhitzung programmiert erwärmt. Dabei verdampft die Probe meistens in den Raum oberhalb des Probeträgers.

Durch diesen Raum (Absorptionsraum) wird der Lichtstrahl der HKL bzw. EDL geleitet.

Beim CFAR – (Carbon-filament-atom-reservoir) Atomisator nach West [13] (auch Kohlefaden-Atomisator genannt) wird ein querliegender Graphitstab (l = 40 mm, ⌀ = 2 mm) verwendet. Es können nur Probemengen von etwa 5 μl dosiert werden. Die Reproduzierbarkeit der Dosierung und damit auch der gesamten Analytik ist nicht besonders gut.

Ein anderer Typ ist der CRA-Atomisator (Carbon rod atomizer), der als „Mini-Massmann-Graphitrohrküvette" bekannt geworden ist. Von der Firma Varian wird dieser Atomisator angeboten. Mit ihm ist vorwiegend ein offenes System (Graphitstab oder Graphitbecher zwischen zwei Graphitkontakten) aber auch ein geschlossenes System (querliegendes Graphitmikrorohr zwischen ähnlichen Graphitkontakten) realisierbar. Beide Systeme werden von außen mit Argon umspült.

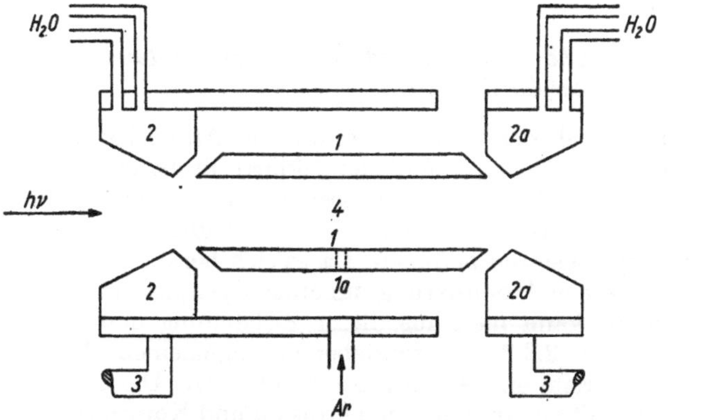

Abb. 10. **Schematische Darstellung einer Graphitrohrküvette (GRK)**
(*1* – Graphitrohr; *1a* – Öffnung zur Probezufuhr; *2*, *2a* – Cu- oder C-Kontakte (konisch); *2* gegen *2a* wegen thermischer Ausdehnung bewegbar; *3* – elektrische Anschlüsse; *4* – Absorptionsplasma; Kontakte sind wassergekühlt; Graphitrohr und Kontakte sind durch Argon geschützt)

Wegen der Einfachheit der Herstellung wurden als offene Systeme auch Metallschiffatomisatoren (Tantalschiff, Wolframschiff) und verschiedene Drahtatomisatoren entwickelt.

Neben der elektrischen Widerstandserhitzung wurde — vorwiegend für Graphitrohratomisatoren — auch die induktive Erwärmung durch Hochfrequenzenergie benutzt. Diese Technik bietet manchmal Vorteile bei der Atomisierung von Feststoffen.

In den letzten 10 Jahren hat sich gezeigt, daß die Graphitrohrküvetten nach MASSMANN am praktischsten sind. Man kann einschätzen, daß sich dieser Typ durchgesetzt hat. Wenn man heute von flammenloser AAS oder AAS mit elektrothermischer Atomisierung spricht, so meint man fast ausschließlich die Graphitrohrküvette. Eine schematische Darstellung einer Graphitrohrküvette (GRK) wird in Abb. 10 gegeben.

Aus den genannten Gründen wird in den folgenden Abschnitten hauptsächlich die GRK-Technik behandelt.

3.3.3.3. Charakteristik und wichtige Parameter der GRK-Technik

Das Ziel der elektrothermischen Atomisierung der Probe in GRK ist, daß die eingeführte Probe vollständig, ohne Rückstände zu hinterlassen, atomisiert wird und daß sich alle erzeugten freien Atome möglichst lange im Absorptionsraum befinden. Da es sich bei dieser elektrothermischen Atomisierung um einen dynamischen Prozeß handelt, kann man aus dieser Zielstellung und der im Abschnitt 3.3.3.1. beschriebenen allgemeinen Arbeitsweise bereits einige Störprozesse ableiten: Die Substanz verdampft zu langsam, die Diffusion und Konvektion des verdampften Materials ist zu schnell. Daraus geht hervor, daß die Zielstellung nicht mit aller Konsequenz verwirklicht werden kann. Es gibt jedoch eine Reihe von Parametern, die bei der Konstruktion und beim Bau aber auch beim Betrieb von GRK zu berücksichtigen sind, damit zumindest optimale Ergebnisse erhalten werden können: a) Rohrmaterial; b) Dimension des Graphitrohres; c) Aufheizgeschwindigkeit und Endtemperatur des Graphitrohres; d) Inertgasparameter.

3.3.3.3.1. Einfluß des Rohrmaterials

Das Rohrmaterial kann einen Einfluß auf die Verdampfungsgeschwindigkeit und auf die vollständige Überführung der Atome in den Absorptionsraum ausüben. Normaler Graphit ist mehr oder weniger porös. Dies führt dazu, daß die Lösungen nach der Dosierung mehr oder weniger tief in den Probeträger hineindiffundieren. In der 3. Phase führt dies ggf. zu einer Verlangsamung der Verdampfung der Substanz und somit zu einer durch die Diffusion verminderten maximalen Atomkonzentration im Absorptionsplasma. Dieser Effekt wirkt sich besonders bei schwer verdampfbaren Substanzen (refraktäre Oxide) aus. Die Porosität des Graphits macht sich auch durch Diffusion der verdampften Atome nach außen (durch die Graphitwand) bemerkbar. Diese Atome erreichen den Absorptionsraum überhaupt nicht.

Wenn man die Innenseiten der Rohre durch pyrolytisch abgeschiedenen Kohlenstoff, welcher sehr dicht ist, beschichtet, erreicht man über die Erhöhung der Verdampfungsgeschwindigkeit und die Verminderung der Diffusion durch die Rohrwand eine höhere Empfindlichkeit der AA-Bestimmungen. Man kann durch Beimischung von Methan zum Inertgas (10% zu 90%) eine kontinuierliche Kohlenstoffabscheidung während der Atomisierungsphase erreichen [14]. Damit kann man die Haltbarkeit der Schicht verlängern und auch die Lebensdauer des Rohres erhöhen. Da pyrolytisch beschichtete Graphitrohre sehr teuer sind, lohnt sich ihr Einsatz nur bei der Analyse schwer verdampfbarer Materialien.

Der Kohlenstoff des Graphits kann auch mit dem Probematerial chemische Reaktionen eingehen. Im positiven Fall ist das eine Reduktion der metallischen

Komponenten zum Metall, die in vielen Fällen stattfindet. Man kann dies aus den thermischen Daten der Stoffe und den experimentell bestimmten Verdampfungsgeschwindigkeiten ermitteln (vgl. a. [15]). Negativ macht sich der Kohlenstoff bemerkbar, wenn die Reaktionen zu schwer verdampfbaren Carbiden führen. Für diesen Fall hilft die pyrolytische Beschichtung ebenfalls, da durch die nicht erfolgende Diffusion der Lösungen die Kontaktzeit zwischen Probe und Graphit reduziert wird. Eine andere Möglichkeit besteht darin, daß das Graphitrohr auf der Innenseite mit Lösungen, die carbidbildende Salze enthalten, imprägniert wird (z. B. Ta- und W-Salze) [16]. Diese bilden beim Aufheizen eine Oberflächenschicht aus Ta- bzw. W-Carbid. Damit wird die Carbidbildung von danach aufgegebenen Proben behindert. Diese Technik ist jedoch nicht einfach. Sie bleibt auf Spezialfälle beschränkt.

Ein kurzer Vergleich zu Metallatomisatoren sei hier angefügt. Bei Metallprobeträgern kann keine Diffusion der Lösungen in den Probeträger hinein erfolgen. Auch die Diffusion gebildeter freier Atome durch dieses Material ist nicht möglich. Die Carbidbildung entfällt ebenfalls. Darüber hinaus besitzen Metalle im allgemeinen eine größere mechanische Stabilität. Aus diesem Grunde können die Wandstärken von Metallatomisatoren viel kleiner gehalten werden. Dies wiederum wirkt sich vorteilhaft auf die für die Erhitzung benötigte elektrische Leistung aus. Dieser Reihe von Vorteilen der Metalle stehen zwei entscheidende Nachteile gegenüber.

1. Graphit ist in thermischer Hinsicht bedeutend stabiler als die Metalle ($C_{Subl.} \sim 4000$ K; Ta_{F_p}: 3269 K).
2. Graphit ist gegenüber Säuren und anderen chemischen Einflüssen meistens stabiler als die genannten Metalle.

Bei all diesen Betrachtungen kann man davon ausgehen, daß die Substanz nach dem Trocknungsprozeß als sehr dünne Schicht (z. T. monomolekular) einen sehr intensiven Kontakt zum Probeträgermaterial hat.

3.3.3.3.2. Einfluß der Dimension des Graphitrohres

Ein langes Graphitrohr verhindert am besten die seitliche Diffusion des Atomdampfes und garantiert somit eine hohe Aufenthaltszeit der Atome. Dies führt letztlich dazu, daß sich bei entsprechender Ausleuchtung des Innenraumes des Rohres zu einem Zeitpunkt alle Atome im Strahlengang befinden. Weiterhin ist ein langer Absorptionsweg auch aus der Sicht des LAMBERT-BEERschen Gesetzes günstig. Bezogen auf eine bestimmte Atomzahl ist es günstig, wenn diese Atome hintereinander angeordnet sind. Daraus ergibt sich, daß neben einer großen Länge ein kleiner Innendurchmesser der Graphitrohre positive Auswirkungen haben müßte.

Der Verwirklichung dieser Zielstellung stehen zwei Dinge entgegen:

1. Die Herstellung solch extremer Rohre ist schwierig.
2. Der Strahlenführung des zu absorbierenden Lichtes durch ein extrem langes, dünnes Rohr sind Grenzen gesetzt.

Durch Betrachtung der Verdampfungsgeschwindigkeiten, die bei Gegenwart von ng-Mengen bei 0,1 s liegen können, und des Materialtransportes durch seitliche Diffusion ($D \sim 1/l^2$), die bei Küvettenlängen von einigen cm im Sekundenbereich liegen, ergibt sich, daß keine extrem langen Rohre benötigt werden. Am vorteilhaftesten sind Rohre mit Längen von 30 bis 50 mm und einem inneren Durchmesser von 4—6 mm.

Ein weiterer Gesichtspunkt für die Dimensionierung der Rohre ist, daß ein möglichst homogenes, d. h. im thermischen Gleichgewicht befindliches Plasma benötigt wird. Günstig für dieses Ziel ist, wenn die Graphitrohre über die gesamte Länge die gleiche Temperatur besitzen. Dies erreicht man nicht durch einfache Rohre mit konstanter Wandstärke, sondern die Wandstärke muß von außen nach innen zunehmen. Zur Erzielung optimaler thermischer Bedingungen sind bestimmte Profilrohre entwickelt worden (vgl. a. [17]).

3.3.3.3.3. Einfluß der Temperatur und der Aufheizgeschwindigkeit

Grundsätzlich gilt, daß eine höhere Temperatur der Graphitrohre eine bessere Verdampfung und Dissoziation der Probe und somit eine effektivere Atombildung bewirkt. Für die AAS ungünstige Prozesse sind die Ionisierung und Anregung der gebildeten Atome. Diese Prozesse machen sich lediglich bei den leichter anregbaren Elementen wie Alkalien und einigen Erdalkalien bemerkbar. Die Grenze für die Erhöhung der Temperatur ist durch das Material und z. T. auch durch die erforderliche elektrische Leistung gegeben. Bei Graphitprobeträgern wendet man Maximaltemperaturen von 3000 bis 3700 K an. Je nach der Dimension des Graphitrohres benötigt man hierfür Stromstärken bis zu 1000 A bei Spannungen von etwa 10 V.

Es läßt sich zeigen, daß die meisten Elemente bereits weit unter ihrem jeweiligen Siedepunkt verdampfen. Ausnahmen bilden die carbidbildenden Elemente wie W, Ta, Re, Hf, Nb, Th, Zr, U und die meisten Seltenen Erden.

Wichtiger als die Endtemperatur ist für die Erzielung eines guten AA-Signals die Aufheizgeschwindigkeit. Eine niedrige Aufheizgeschwindigkeit führt zu einer langsamen und verschleppten Verdampfung und infolge der parallel zur Verdampfung einsetzenden Diffusion und Konvektion zu einer Verminderung der maximalen Atomkonzentration. Hohe Aufheizgeschwindigkeiten bewirken eine gleichzeitige, schnelle Verdampfung des Materials und ergeben somit hohe maximale Atomkonzentrationen im Plasma. Bei älteren Küvettentypen erzielt man maximale Aufheizgeschwindigkeiten durch Einstellung der maximal möglichen Spannungswerte am Vorschaltgerät. Eine Optimierung der Einstellung ist in jedem Fall günstig. Die eingestellten maximalen Spannungswerte bewirken neben der hohen Aufheizgeschwindigkeit auch die maximale Endtemperatur. Diese wird oftmals gar nicht benötigt. Sie führt lediglich zu einem hohen Materialverschleiß (Graphitrohre, Kontakte usw.) und zu einem hohen Energieverbrauch. Neuere Graphitrohrküvetten werden deshalb durch programmierbare Heizungen erwärmt, es wird z. B. zuerst die maximale Spannung angelegt. Diese bewirkt die maximale Aufheizgeschwindigkeit. Wenn die gewünschte Endtemperatur erreicht ist, sinkt diese Spannung automatisch auf den diese Endtemperatur erhaltenden Spannungswert ab. Die Steuerung dieses Prozesses erfolgt meist nicht über eine exakte Temperaturmessung, sondern durch Wahl oder Vorgabe entsprechender Zeiten.

Neueste Untersuchungen über den Einsatz von Kondensatorentladungen beim Aufheizen der Graphitrohrküvetten zeigen, daß damit die Aufheizgeschwindigkeit und auch die Effektivität der Atombildung noch gesteigert werden können (vgl. a. [17]). Man ist auch bestrebt, durch Verkleinerung der Probeträger die Aufheizgeschwindigkeit zu erhöhen. Besondere Vorteile in dieser Hinsicht bieten metallische Probeträger.

Neben den genannten thermischen Gesichtspunkten sind jedoch auch chemische zu berücksichtigen. Es ist z. B. möglich, daß eine leicht verdampfbare Spur in einer schwer verdampfbaren Matrix bestimmt werden soll. Bei maximalen Aufheizgeschwindigkeiten kann es zu einer starken Überlappung der Spur- und Matrixverdampfung kommen. Dadurch können spektrale Störungen im Plasma auftreten. Optimierungen der thermischen Spur-Matrix-Trennungen sind durch optimierte Aufheizgeschwindigkeiten und Endtemperaturen erreichbar. Diese können nur experimentell ermittelt werden.

Aus den Darlegungen dieses Abschnittes geht hervor, daß die jeweilige Temperatur des Graphitrohres eine sehr wichtige Größe für die analytische Anwendung der GRK-Technik ist.

Es sind deshalb auch einige Untersuchungen zur Temperaturmessung durchgeführt worden. Prinzipiell ist es nicht schwierig, die Oberflächentemperatur des Graphitrohres auf pyrometrischem Wege zu messen.

Damit wären jedoch nur bedingt Aussagen über die Plasmatemperatur des thermisch sehr heterogenen GRK-Plasmas möglich. Eine direkte Plasmatemperaturbestimmung ist auf optischem Wege z. B. durch die Zweilinienmethode möglich. Diese ist jedoch sehr zeitaufwendig und wegen der Heterogenität des Plasmas und der dadurch bedingten schlechten Reproduzierbarkeit auch wenig nützlich. Die Firma Perkin-Elmer realisiert an der Graphitrohrküvette HGA 500 eine Art pyrometrischer Temperaturmessung mit einer IR-Diode. Es werden von diesem System keine Temperaturen angezeigt, aber die Aufheizung und die Endtemperatur des Graphitrohres können gesteuert werden.

Vergleicht man die einzelnen Atomisatorarten hinsichtlich ihrer thermischen Eigenschaften miteinander, so schneidet auch in dieser Hinsicht die GRK günstig ab. Das erzeugte thermische Plasma ist trotz aller Heterogenität homogener als das eines offenen Atomisators, denn bei diesen Typen erfolgt die Erwärmung nur aus einer Richtung.

3.3.3.3.4. Einfluß des Inertgases

Das die GRK durchströmende Gas bewirkt die inerten Eigenschaften des Plasmas und den Schutz des Probeträgers vor Oxydation und Zerstörung. Verwendet man Edelgase als Plasmagas, so können selbst bei den vorliegenden hohen Plasmatemperaturen keine Verbindungen mit den verdampften Atomen und Molekülen gebildet werden. Hauptsächlich wird als Schutzgas Argon verwendet. In besonderen Fällen kann man dem Argon zur Erhöhung der reduzierenden Wirkung des Gesamtsystems Wasserstoff hinzufügen. Wenn man Metallatomisatoren verwendet, so ist der Zusatz von Wasserstoff zu empfehlen. Man erreicht damit überhaupt erst ein reduzierend wirkendes Plasma und verlängert auch die Lebensdauer der Metallprobeträger.

Der bereits beschriebene Zusatz von Methan zum Argon zur Verdichtung der inneren Oberfläche des

Graphitrohres durch pyrolytische Zersetzung des Methans und entsprechende Kohlenstoffabscheidung wird nur in Spezialfällen praktiziert.

Im allgemeinen strömt das Schutzgas während des Ablaufs des thermischen Programms ständig durch das Graphitrohr der GRK. Während der Trocknung (1. Phase) und auch während der „Veraschung“ (2. Phase) entstehen Verdampfungsprodukte, die durch das Schutzgas aus dem Graphitrohr entfernt werden. In der Atomisierungsphase (3. Phase) ist man an dem möglichst langen Aufenthalt der Atome im Plasma des Graphitrohres interessiert. Eine zu hohe Schutzgasströmungsgeschwindigkeit wirkt diesem Interesse entgegen. Manche Geräte arbeiten deshalb mit dem sogenannten Gasstop während der Atomisierungsphase. Ob diese Arbeitsweise tatsächlich zu Verbesserungen führt, hängt im wesentlichen von der Strömungsrichtung des Schutzgases ab. Bei seitlich offenen Küvetten, die das Schutzgas über das kleine Dosierloch zugeführt bekommen (Gasströmung von innen nach außen), bringt Gasstop keine Vorteile. Die thermische Ausdehnung des Plasmagases während der Atomisierung kann eine stärkere Bewegung hervorrufen als die ursprünglich eingestellte Strömungsgeschwindigkeit.

Wenn organische Matrices in der Probe enthalten sind, so ist es manchmal günstig, wenn in der 2. Phase (vgl. auch 3.3.4.2.) dem Argon kurzzeitig etwas Luft oder Sauerstoff hinzugefügt wird. Durch den Sauerstoff wird ein Teil der organischen Matrix verbrannt. Die Verbrennung verläuft meistens rückstandsfreier als die sonst nur mögliche Brenzreaktion. Zumindest kann man durch diese Arbeitsweise eine Verringerung des unspezifischen Untergrundes erreichen.

3.3.3.4. Vorgänge im Graphitrohr

Wie schon im Abschnitt 3.3.3.1. dargelegt wurde, laufen in einem elektrothermischen Atomisator im allgemeinen 3 thermische Phasen ab:

1. Trocknung, 2. thermische Überarbeitung oder Veraschung, 3. Atomisierung.

Während dieser Phasen erfolgt der Übergang der Lösung in das Plasma. Es werden die freien Atome gebildet.

3.3.3.4.1. *Die erste thermische Phase: Trocknung*

Die Trocknung ist die unproblematischste der 3 Phasen. Sie dient der Entfernung (Verdampfung) des Lösungsmittels. Es können sowohl anorganische als auch organische Lösungsmittel verdampft werden. Diese Lösungsmittel unterscheiden sich lediglich durch die Benetzung des Graphits. Damit keine Spritzverluste auftreten, erfolgt die Trocknung langsam, meistens während 30 bis 60 s. Es werden Temperaturen bis zu 450 K angewendet. Durch einen langsamen Temperaturanstieg und durch die Schutzgasströmung wird erreicht, daß die Verdampfung der geringen Lösungsmittelmengen gleichmäßig und homogen verläuft. Man kann berechnen, daß im Ergebnis der Trocknung bei reinen verdünnten Lösungen eine monomolekulare Schicht als Rückstand auf dem Graphit zurückbleiben kann. Es ist jedoch in den meisten Fällen anzunehmen, daß sich infolge Aggregation kleine Kriställchen bilden. Bei matrixhaltigen, konzentrierteren Lösungen entsteht ein entsprechender Rückstand in größeren Dimensionen. In diesem Fall kann die unterschiedliche Benetzung der Oberfläche und damit die Stärke der Schicht von Einfluß auf die spätere Atomisierung und damit auf die Empfindlichkeit der AAS sein.

3.3.3.4.2. *Die zweite thermische Phase: Veraschung*

Die Phase dient im wesentlichen zur thermischen Matrix-Spur-Trennung. Außerdem ist man bemüht, die durch die Trocknung entstandene Probe in eine für die Verdampfung günstige Form zu überführen. Dies dient der Verbesserung der Reproduzierbarkeit der AA-Messungen. Während dieser Phase können folgende Vorgänge ablaufen:

a) Verdampfungen:

Vor allem höher siedende organische Komponenten aber auch anorganische Substanzen wie Hg-Salze, Halogenide u. a. können in Abhängigkeit von der Temperatur dieser Phase durch Verdampfung oder Sublimation entfernt werden. Infolge der großen Oberfläche des Graphits werden eine Reihe von Substanzen adsorptiv gebunden. Es läßt sich zeigen, daß selbst beim Vorliegen verdünnter salzsaurer Lösungen nach der Behandlung mit Temperaturen von 500 bis 700 K nicht alle HCl-Reste vertrieben werden.

b) Zersetzungsreaktionen mit folgender Verflüchtigung:

Diese Gruppe ist am umfangreichsten. Hierzu gehören: Abspaltung von Kristallwasser; Dehydratation von Hydroxiden; Abspaltung leicht zersetzlicher Anionen wie Nitrat aber auch Sulfat oder Sulfit; Abspaltung von Anionen durch thermische Hydrolyse (z. B. verflüchtigt sich bei hydratisierten, zersetzlichen Halogeniden HX); Brenzreaktionen nicht verdampfbarer organischer Substanzen.

c) Umwandlungen in der kondensierten Phase mit und ohne nachfolgende Verflüchtigung:

Hier sind an erster Stelle Reduktionsprozesse, die durch heißen Graphit hervorgerufen werden, zu nennen, z. B. Sulfid aus Sulfat. Dabei können sich leicht flüchtige niederwertige Verbindungen aber auch die Metalle selbst bilden. Es ist jedoch auch möglich, daß Carbide entstehen, die im allgemeinen schwer flüchtig sind. Darüber hinaus gibt es Reaktionen, die zwischen den Bestandteilen der Probe ablaufen können, z. B. Abspaltung von Anionen durch Umsatz der Salze mit zwar schwach sauren, jedoch schwer flüchtigen Oxiden wie B_2O_3, P_2O_5 und dergleichen. Auch einfache Phasenumwandlungen können erfolgen.

Diese Vorgänge, die letztlich alle bekannt sind, sind unter den konkreten Bedingungen der GRK-AAS kaum untersucht worden. Bei der Durchführung von Analysen und der Beurteilung von Ergebnissen sollte man sich jedoch einen Überblick über mögliche Reaktionen verschaffen. Dazu dienen einmal theoretische Überlegungen im Sinne der gemachten Darlegungen und zum anderen Experimente zur Optimierung des jeweiligen Analysenverfahrens. Es ist selbstverständlich, daß neben den gewünschten Matrixabtrennungen durch die gleichen Reaktionen auch Verluste an den Spurenbestandteilen auftreten können. Für die Matrix-Spur-Trennung sollte die Temperatur des Graphitrohres so hoch wie möglich liegen. Die beginnenden Spurenverluste begrenzen die Temperaturerhöhung. Durch langsame Steigerung der Temperatur der 2. Phase kann man unter bestimmten Umständen die Matrix-Spur-Trennungen verbessern.

In Abb. 11, Teil a, ist eine typische Kurve dargestellt, die beim Auftragen der Extinktion der Atomisierungsphase in Abhängigkeit von der Temperatur der 2. Phase erhalten wird.

Durch Vergleich der Temperaturen besonderer Punkte dieser Kurven mit thermischen Daten der eingesetzten Substanzen gelingt es auch, Informationen über den Verdampfungsmechanismus zu gewinnen. Stimmt z. B. der Knickpunkt der Kurve (beginnender Substanzverlust in der 2. Phase) mit dem Siedepunkt des Elementes überein, so kann man schlußfolgern, daß in der GRK das Salz zum Metall reduziert wurde.

Neben der Endtemperatur sind auch die Erwärmungsdauer und der Temperaturanstieg zu berücksichtigen. Es ist auch möglich, daß verschiedene Reaktionen gleichzeitig ablaufen können, z. B. Reduktionen von anionischen Bestandteilen mit nachfolgender Verflüchtigung ($AsO_4^{3-} \xrightarrow{C} As_2O_3 \xrightarrow{C} As$) oder Vertreibung von Halogenid durch Arsenat und damit die Stabilisierung des letzteren. In Abhängigkeit vom Temperaturanstieg kann die eine oder andere Reaktion begünstigt ablaufen.

Es ist auch mit Erfolg versucht worden, durch Zusatz von bestimmten Substanzen leichtflüchtige Spuren in

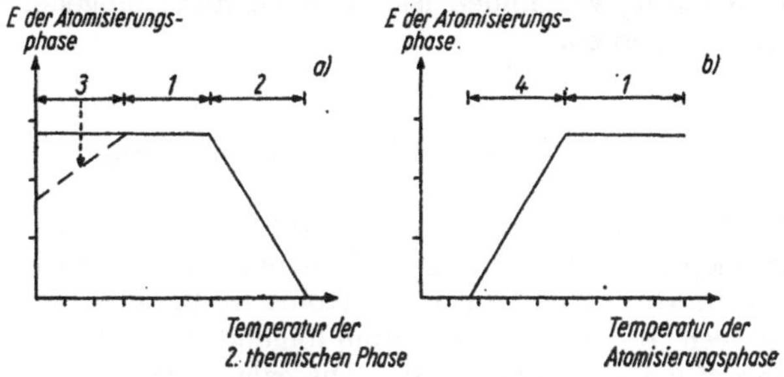

Abb. 11. **Schematische Darstellung von Ergebnissen der Optimierung der Atomisierung in GRK**
a) Optimierung der 2. thermischen Phase; b) Optimierung der 3. thermischen Phase.
(*1* – optimale Temperaturgebiete; *2* – Substanzverlust durch vorzeitige Verflüchtigung; *3* – unvollständige Verdampfung von Anionen, die mit der *M*-Komponente stabile Moleküle bilden; *4* – unvollständige Verdampfung)

schwerer flüchtige Verbindungen zu überführen. Damit war es möglich, leicht und mittelschwer flüchtige Matrices von diesen Spuren abzutrennen. Ein PO_4^{3-}-Zusatz zu Zink- und Cadmiumsalzen führt zur Bildung des schwer flüchtigen Zink- bzw. Cadmiumphosphates. Der Zusatz von Nickelsalzen ist günstig für die Stabilisierung von Selenverbindungen. Es bildet sich schwer flüchtiges Nickelselenid. Ammoniumnitrat kann man zur Oxydation organischer Matrices benutzen. Das gleiche Salz kann auch für die Abtrennung von NaCl ausgenutzt werden, denn die nach der doppelten Umsetzung gebildeten Salze $NaNO_3$ und NH_4Cl sind relativ leicht flüchtig.

Ein Vorteil der elektrothermischen Atomisierung gegenüber der Flammenatomisierung besteht gerade in dieser

2. Phase, d. h. in der möglichen Matrix-Spur-Trennung. Durch entsprechende Untersuchungen sollten deshalb die Möglichkeiten, die sich durch diese Phase bieten, voll ausgeschöpft werden. Besonders der Einsatz von Zusatzstoffen, der natürlich auch mit der Gefahr der Probenverunreinigung verbunden ist, ist noch nicht eingehend untersucht worden.

3.3.3.4.3. Die dritte thermische Phase: Atomisierung

Das Ziel dieser 3. Phase besteht darin, aus dem Rückstand möglichst vollständig und schnell die zu bestimmende Substanz in Form freier Atome in das Plasma zu überführen. In dieser Phase laufen folgende Vorgänge ab: Verdampfungen, Zersetzungen, Dissoziationen und Reduktionen. Neben diesen Reaktionen, die letztlich freie Atome produzieren, gibt es infolge des negativen Temperaturgradienten zwischen Graphitrohroberfläche und Plasmagas auch die Umkehrprozesse Molekülbildung und Kondensation.

Grundsätzlich gelten für die 3. Phase die gleichen Gesichtspunkte, die in den Abschnitten 3.3.2.4.2. bis 3.3.2.4.5. zur Flammenatomisierung dargelegt wurden. Ebenso sind die Vorgänge, die im vorhergehenden Abschnitt behandelt wurden, zu berücksichtigen.

Es sind eine Vielzahl von Untersuchungen über den Atomisierungsmechanismus durchgeführt worden, in deren Ergebnis festgestellt werden kann, daß die Reduktion der Bestandteile zum Metall und dessen nachfolgende Verdampfung in den meisten Fällen vorliegt. Außerdem ist die Verdampfung und gleichzeitige Dissoziation von Oxiden und Halogeniden wichtig. Darüber hinaus gibt es bei carbidbildenden Elementen die Notwendigkeit der Carbidzersetzung. Die Bildung leicht flüchtiger, niederwertiger Oxide, deren Verdampfung und Dissoziation im Plasma tritt ebenfalls in einigen Fällen z. B. bei Ga, In auf.

Oftmals sind keine eindeutigen Entscheidungen möglich. In jedem Fall sind deshalb die Aufheizungsgeschwindigkeit und die Endtemperatur zu optimieren. Dies geschieht am besten durch Variation der Temperatur der 3. Phase. Eine entsprechende Abhängigkeit ist in Abb. 11, Teil b, dargestellt. Ein Vergleich besonderer Temperaturen dieser Kurve mit den thermischen Daten möglicher Substanzen läßt manchmal Aussagen über den Verdampfungsmechanismus zu. Wie bereits dargelegt wurde, sind durch optimale Gestaltung der Aufheizungsgeschwindigkeit thermische Spur-Matrix-Trennungen möglich und auch anzustreben.

Dem erwähnten Vorgang der Molekülbildung als Umkehrvorgang der Dissoziation wurde bisher wenig Bedeutung beigemessen. Es läßt sich jedoch zeigen, daß gerade dieser Vorgang erhebliche Signaldepressionen bewirken kann. Im Plasma sind besonders zweiatomige Moleküle des Typs MX (X = Halogen) und MO stabil. Sie können sich bilden, wenn beide Komponenten gleichzeitig im Plasma vorliegen. Nennenswertes Ausmaß erreicht diese Molekülbildung dann, wenn eine Komponente im Überschuß vorliegt. Vergleicht man z. B. die Extinktionen, die durch Al-Atome in Gegenwart von HNO_3 oder von HCl erzielt werden, so stellt man Differenzen fest, die auf die Bildung von AlCl-Molekülen zurückzuführen sind. Ähnliches gilt für Ga und In. Andere Atome wie Zn und Cd bilden unter diesen Bedingungen keine Moleküle, d. h., es ergeben sich bei Einsatz salz- oder salpetersaurer Lösungen keine Extinktionsunterschiede. Erhöht man jedoch im Plasma die Cl-Konzentration dadurch, daß die Zn- bzw. Cd-AA in Gegenwart eines großen Überschusses eines stabilen Chlorids z. B. NaCl durchgeführt wird, so können sich Zn-AA- und Cd-AA-Signaldepressionen durch die MCl-Bildung ergeben. Durch thermische Matrix-Spur-Trennungen in der 2. und 3. Phase und thermische Spur-Matrix-Trennungen in der 3. Phase lassen sich die Vorgänge optimieren.

3.3.4. *Vergleich der Flammen-AAS mit der AAS durch elektrothermische Atomisierung*

Die eigentliche analytische Bewertung dieser Techniken erfolgt im Kap. 4. An dieser Stelle soll nur kurz auf wesentliche Unterschiede hingewiesen werden.

Bei der Flammen-AAS wird nur ein Teil der Probe in das Absorptionsplasma überführt. Bei der elektrothermischen Atomisierung wird die gesamte Probe verdampft.

Die Aufenthaltsdauer der Atome im Strahlengang ist — besonders bei geschlossenen Systemen der elektrothermischen Atomisierung — größer als bei der Flammen-AAS.

Das Flammenplasma ist thermisch homogener, es existiert ein größeres Plasmavolumen im thermischen Gleichgewicht. Die Plasmen elektrothermischer Atomisatoren sind — ganz besonders bei den sogenannten offenen Systemen — thermisch sehr heterogen.

Bei der Flammen-AAS sind keine thermischen Spur-Matrix-Trennungen möglich.

Bei der Flammen-AAS sind nach Möglichkeit nur verdünnte Lösungen einzusetzen. Bei der elektrothermischen Atomisierung können bei geeigneter Dosierung auch Suspensionen und Feststoffe analysiert werden.

3.3.5. *Besondere Techniken der Atomisierung*

3.3.5.1. *Quecksilber-Kaltdampf-Technik*

Quecksilber ist das einzige metallische Element, welches bei Zimmertemperatur einen nennenswerten Dampfdruck besitzt. Man kann berechnen, daß die Konzentration des Quecksilbers bei 300 K in Luft etwa 20 ng/m*l* betragen kann. Diese Konzentration ist ausreichend für eine sehr starke Atomabsorption. Daraus geht hervor, daß AAS-Bestimmungen des Quecksilbers bei Zimmertemperatur möglich sind. Diese Tatsache wurde bereits 1939 durch Woodson [4] erkannt und angewandt. In den letzten Jahren haben sich verschiedene Techniken entwickelt. Schematisch wurden sie in Abb. 12 dargestellt.

Am einfachsten ist die Bestimmung des Quecksilbers in Gasen. Es ist lediglich erforderlich, die Gase durch eine mit Quarzfenstern verschlossene Glasküvette zu leiten. Wegen der Adsorptionstendenz des Quecksilbers an den Küvettenwänden ist es günstig, die Quarz- bzw. Glasküvette auf eine Temperatur von 373 K aufzuheizen. Wenn die Konzentration des Quecksilbers in dem zu analysierenden Gas zu niedrig ist, so muß eine Anreicherung vorgenommen werden. Am einfachsten ist es, das Gas über amalgambildende Metalle (bevorzugt Goldwolle, auch Silber und Kupfer wurden getestet) zu leiten. Die Adsorption des Quecksilbers an Gold ist im Bereich von 273—373 K ohne weiteres möglich. Die Desorption des angereicherten Quecksilbers in ein strömendes Gas erfolgt durch schnelles Aufheizen der Goldwolle auf etwa 700 bis 800 K [18].

Für die Analysen von Lösungen auf ionogenes Quecksilber nutzten Brandenberger und Bader [19, 20] die Elektrolyse aus. Das an Kupferdrähten abgeschiedene Quecksilber wurde durch elektrothermische Erwärmung in den Strahlengang des Lichtes verdampft. Poluektow und Vitkun [21, 22] fanden eine einfache Variante für die Bestimmung des ionogenen Quecksilbers. Durch Zusatz einer $SnCl_2$-Lösung reduzierten sie die Quecksilberionen nach

$$Hg^{2+} + Sn^{2+} \rightarrow Sn^{4+} + Hg^0 \qquad (36)$$

zu elementarem Quecksilber. Das elementare Quecksilber kann infolge seines hohen Dampfdruckes durch einen Luft- oder Argonstrom blitzschnell aus der Lösung ausgetrieben werden. Dieser Gasstrom kann direkt durch eine Quecksilber-AA-Küvette geleitet werden. Im Falle sehr geringer Quecksilberkonzentrationen ist bei einem Einsatz von großen Probevolumina (100 ml und mehr) auch eine

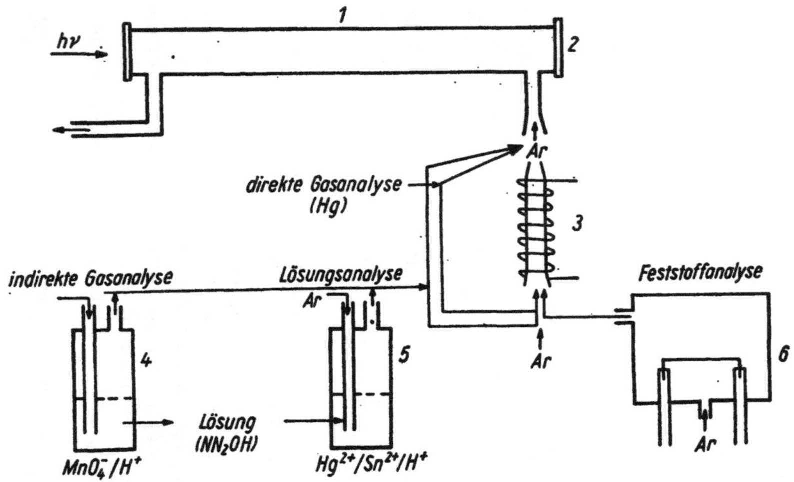

Abb. 12. Möglichkeiten für die Hg-Bestimmung nach der Kaltdampftechnik
(*1* — beheizbare Glasabsorptionsküvette mit Quarzfenstern *2*; *3* — Hg-Adsorptionsrohr mit Au-Wolle, Impulsheizung bis 750 K; *4* — Hg-Absorption aus Gasen durch Oxydation zum Hg^{2+}; *5* — Hg-Reduktionsflasche — Bildung von freiem Hg; *6* — elektrothermischer Feststoffatomisator zur Hg-Austreibung — Metallschiff, Graphitbecher)

zwischenzeitliche Anreicherung an Goldwolle möglich. Damit gelingt es, auch andere Störungen zu beseitigen. Speziell diese Lösungsanalytik wird als Kaltdampf-Technik bezeichnet.

Neben $SnCl_2$ sind auch andere Reduktionsmittel getestet worden. Es zeigte sich jedoch, daß das $SnCl_2$ am günstigsten war.

Diese Methode ist prinzipiell auch für die Gasanalyse einsetzbar. Quecksilber-haltige Gase müssen in diesem Fall durch oxydierende Lösungen (MnO_4^-/H_2SO_4; Br_2-Wasser) geleitet werden. Das Quecksilber bleibt als Hg^{2+}-Ion in den Lösungen. Nach Zerstörung des Oxydationsmittelüberschusses kann man wiederum die Kaltdampf-Technik anwenden.

Auch für die direkte Bestimmung des Quecksilbers in Feststoffen ist diese Technik einsetzbar (vgl. auch [18]). Es ist möglich, durch elektrothermische Erhitzung des festen Materials das leicht flüchtige Quecksilber auszutreiben. Dieser Vorgang ist nicht gut reproduzierbar. Deshalb ist es von Vorteil, wenn das ausgetriebene Quecksilber an Goldwolle adsorbiert und danach bei hohen Temperaturen wieder desorbiert wird.

Trotz dieser einfach erscheinenden Lösungswege ist die Analytik des Quecksilbers mit der Kaltdampf-Technik nicht ganz einfach. Einmal wird Quecksilber an sehr vielen Stellen adsorbiert. Das führt zu nicht reproduzierbaren Signaldepressionen. Andererseits kann auch solches, an beliebigen Stellen adsorbiertes Quecksilber in den Strahlengang, d. h. in die Absorptionsküvette gelangen, so daß Blindwerte und Memory-Effekte auftreten. Viele Parameter sind bei der eigentlichen Kaltdampf-Technik zu optimieren, ggf. sind sie dem jeweiligen analytischen Problem anzupassen: Lösungsmenge der Probe; Sn^{2+}-Konzentration und -menge; Acidität; Strömungsgeschwindigkeit des Transportgases; Dimensionierung des mit Goldwolle belegten Adsorptionsrohres; die thermischen Parameter der Desorption des Quecksilbers usw. (vgl. auch Kap. 5., Hg).

3.3.5.2. Hydridtechnik

Dem Bestreben, die Selektivität der AAS noch zu erhöhen und störende Matrixeffekte noch zu beseitigen, kommt die Hydridtechnik entgegen. Es ist möglich, verschiedene Stoffe, die ionogen in wäßriger Lösung gelöst sind, durch starke Reduktionsmittel in flüchtige Hydride zu überführen. Solche Hydride sind: H_2Se, H_2Te, AsH_3, SbH_3, BiH_3, GeH_4, SnH_4, PbH_4.

Als Reduktionsmittel hat sich das Natriumboranat (Natriumborhydrid $NaBH_4$) durchgesetzt. Es können auch Zn/HCl bzw. Ti^{3+}/H^+ verwendet werden. Natriumboranat ist in alkalischer Lösung stabil. Beim Ansäuern zersetzt es sich und entwickelt dabei nascierenden Wasserstoff, der entsprechend reduzierend wirkt. Gl. (37) stellt die Reduktion des Selenates dar.

$$BH_4^- + 3\,H_2O + H^+ \rightarrow B(OH)_3 + 8\,H(4\,H_2)$$

$$SeO_4^{2-} + 8\,H + 2\,H^+ \rightarrow H_2Se + 4\,H_2O \qquad (37)$$

Die oben angeführten Hydride sind bei Zimmertemperatur flüchtig, sie können durch einen Inertgasstrom aus der Lösung ausgetrieben und einem Atomisator zugeführt werden. Als Atomisator können Flammen eingesetzt werden. Wegen der z. T. extremen Lage der Resonanzlinien dieser Elemente benutzt man vorzugsweise untergrundarme Flammen wie die H_2-Ar- oder die H_2-N_2-Diffusionsflamme. Die relativ niedrigen Temperaturen dieser Flammen reichen für die Zerstörung der Hydride und die Bildung der freien Atome aus.

Ein besseres Nachweisvermögen kann man durch Einsatz von beheizten Quarzrohrküvetten erzielen. In diesem Fall leitet man das Transportgas Argon, welches das Hydrid und den überschüssigen Wasserstoff enthält, durch eine auf etwa 1300 K erhitzte Quarzküvette. Die Beheizung erfolgt vorzugsweise elektrothermisch durch eine entsprechende Drahtwicklung. Es ist auch möglich, Flammen einzusetzen (vgl. auch [23]). In diesem Quarzrohr werden die Hydride thermisch dissoziiert. Dieses System ist deshalb nachweisstärker, weil sich ein großer Teil der freien Atome gleichzeitig im Strahlengang der Lichtquelle befindet. Die Dimensionen der Quarzrohre liegen zwischen Längen von 100 und 300 mm und zwischen inneren Durchmessern von 2 und 20 mm. Da das Plasma nur Argon und Wasserstoff enthält, ist sowohl der Emissions- wie auch der Absorptionsuntergrund außerordentlich niedrig.

Der Hauptvorteil der Hydridtechnik besteht in der einfachen Spur-Matrix-Trennung vor der eigentlichen AAS-Bestimmung. Trotz dieses Vorteils gibt es eine ganze Reihe von Problemen, die bei der Behandlung der Hydridtechnik nicht unerwähnt bleiben dürfen:

1. Die Stabilität der Hydride ist unterschiedlich. Besonders stabil sind die Hydride H_2Se, H_2Te, AsH_3 und SbH_3. Für diese ist die Hydridtechnik sehr zu empfehlen. Für die anderen Hydride gilt dies nur bedingt. Sie können sich schon auf dem Transportweg zersetzen.
2. Es sind eine Reihe von apparativen Parametern auf ihren Einfluß hin zu untersuchen und jeweils zu optimieren: Temperatur des Quarzrohres, Strömungsgeschwindigkeit des Transportgases usw.
3. Einige chemische Bedingungen der Reduktion können ebenfalls von Einfluß auf die Hydridbildung sein: Acidität der Lösung, Konzentration und Menge des Reduktionsmittels, Konzentration der Analysenlösung, Verhältnis der Mengen der Probe- und der Analysenlösung, Mischgeschwindigkeit der Lösungen.
4. Trotz der Abtrennung von anderen Stoffen ergeben sich eine ganze Reihe von Matrixeinflüssen, die bei der Erzeugung und auch beim Transport der Hydride von Einfluß auf die AA-Signale sein können. Folgende Gesichtspunkte sind zu berücksichtigen:

a) Die Matrix kann die Konzentration und die zur Verfügung stehende Menge des Natriumboranates beeinflussen, wenn sie selbst reduziert werden kann (Reduktion zu niederwertigen Oxydationsstufen, zum Metall oder auch zum Hydrid). Die dann noch zur Verfügung stehende Reduktionsmittelmenge reduziert die zu bestimmende Spur zumindest langsamer. Dieser Matrixeinfluß macht sich bei allen hydridbildenden Matrices (z. B. Se-Bestimmung in Te) besonders bemerkbar.

b) Die Matrix kann mit der zu bestimmenden Spur schwerlösliche Verbindungen bilden. Dies tritt vor allem nach der Reduktion der Spuren zum Hydrid auf, denn die Selenide, Telluride, Arsenide bilden mit Schwermetallen meistens schwer lösliche Verbindungen. Auf diese Weise wird der Transport des bereits erzeugten Hydrids zum Atomisator verhindert.

c) Es sind auch kombinierte Einflüsse von a) und b) möglich. Zum Beispiel zersetzt sich das nicht sehr stabile BiH_3 schon auf dem Weg zum Atomisator an Glaswänden der Transportrohre. Der sich bildende dünne Bi-Film ist außerordentlich reaktionsfähig. Er reagiert z. B. mit ebenfalls erzeugten Hydriden des Selens und Tellurs zu unlöslichen Seleniden bzw. Telluriden und hält damit diese Stoffe zurück.

d) Infolge der relativ niedrigen Plasmatemperaturen spielt die Molekülbildung bzw. unvollständige Dissoziation eine nicht unerhebliche Rolle.

Aus dieser Beschreibung geht hervor, daß die Hydridtechnik nützlich, jedoch nicht ohne Probleme ist (vgl. auch Kap. 5. und [24]).

3.3.5.3. Delves-*cup-Technik*

Die Delves-cup-Technik, die aus der Probenboot-Technik hervorging, ist in ihrer Verfahrensweise und auch bezüglich ihrer Ergebnisse der AAS mit elektrothermischer Atomisierung ähnlich. In der ersten Variante wird ein Tantalschiff mit einer Lösung dosiert. Diese Lösung wird durch Annäherung an eine Flamme getrocknet. Durch Einschieben des Schiffes in die Flamme wird die

Substanz, besonders leichtflüchtige Elemente, verdampft und atomisiert. Bei der eigentlichen DELVES-cup-Technik wird ein kleiner Becher aus Nickel verwendet. Dieser enthält die Probe. Er wird an die Öffnung eines Quarzrohres geschoben. Beide Teile (Becher und Quarzrohr) werden durch die Flamme erhitzt. Die Substanz verdampft aus dem Nickelbecher in das Quarzrohr, welches als Absorptionsküvette dient. Es treten jedoch bei dieser Methode erhebliche Störungen auf.

3.3.6. Methoden der direkten Atomisierung von Feststoffen

Die direkte Atomisierung von Feststoffen ist nur zum Teil mit den beschriebenen Techniken möglich. Sowohl bei der Flammenatomisierung als auch bei der elektrothermischen Atomisierung müssen Feststoffe in Form von Pulvern eingesetzt und in das Plasma überführt werden. Dies führt besonders bei Flammen zu vielen Problemen. Die Reproduzierbarkeit der Messungen ist z. B. sehr von der Homogenität und der Korngröße des Materials abhängig.

Die direkte Feststoffatomisierung in GRK ist ebenfalls möglich, denn es bereitet prinzipiell keine Schwierigkeiten eine kleine Feststoffmenge (0,1 bis 5 mg) seitlich in die GRK einzuführen. Die Problematik liegt bei dieser Methode in der Wärmeübertragung. Im Fall einer eingedampften Lösung besteht ein direkter Kontakt zwischen der Graphitoberfläche und dem Rückstand. Die dadurch gegebene direkte Wärmeübertragung führt meist zu einer guten Verdampfung (vgl. auch 3.3.3.4.1.). Hineingestreute Feststoffpulver haben einen erheblich schlechteren Kontakt zur Graphitrohroberfläche. Dies führt zur schlechteren Verdampfung und zu schlechten Reproduzierbarkeiten. Trotzdem ist die Methode besonders bei der Übertragung von Hochfrequenzenergie für die praktische Analytik einsetzbar. Günstig sind leicht verdampfbare Stoffe. Beide Varianten haben sich jedoch nur für

Spezialfälle durchgesetzt. Weitere Möglichkeiten für die Feststoffanalytik bestehen durch Einsatz der Sputter- und Laser-Technik.

3.3.6.1. Feststoff-AAS durch Laser-Verdampfung

Mit Hilfe eines Laser-Strahles gelingt es, beliebige Feststoffe in Mikromengen zu verdampfen. Bei der Einwirkung des Laserstrahles entsteht ein sehr heterogenes Kurzzeitplasma. Die Heterogenität bezieht sich auf die Temperatur, auf die Teilchenart (Atome, Moleküle, Radikale), auf den Aggregatzustand (gasförmige, geschmolzene und feste Teilchen) usw. Trotz dieser Heterogenität kann man das Plasma für AAS-Messungen ausnutzen. Es wurden mehrere Varianten beschrieben.

Die erste Möglichkeit besteht darin, daß man den Lichtstrahl einer HKL durch das Laser-Kurzzeit-Plasma leitet und mit einem schnell registrierenden Oszillographen die Absorption mißt [26]. Diese Technik ist apparativ sehr aufwendig.

Das Prinzip einer zweiten Variante ist einfacher. Man nutzt die Kontinuumstrahlung des Laser-Plasmas, die besonders in der Nähe der Oberfläche des Festkörpers entsteht, als Hintergrundstrahlung aus. Dieses Licht durchsetzt den kühleren Atomdampf, wobei Atomabsorption auftritt. Leitet man das Licht auf einen Spektrographen, dann erhält man ein Kontinuum mit den entsprechenden Absorptionslinien [27].

Die bisher beste Variante für die Anwendung des Laser-Plasmas besteht darin, daß man den Laserstrahl zwar zur Verdampfung ausnutzt, daß man aber die AAS-Messung nicht im Laser-Plasma durchführt. Die verdampfte Substanz wird vielmehr mit einem Gasstrom in einen anderen Atomisator überführt. Dabei kühlt sich das Plasma zunächst ab, und es entsteht ein Gas-Fest-Aerosol sehr feiner Dimensionen. Man kann sowohl Flammen als auch die GRK zur Atomisierung ausnutzen. Die

Atomisierung in GRK führt zu den besseren Nachweisgrenzen [28].

In Kombination mit dem Laserstrahl kann die AAS sogar zur Lösung einfacher verteilungsanalytischer Probleme an Oberflächen ausgenutzt werden.

3.3.6.2. *Feststoff-AAS durch Sputter-Technik*

Eine weitere Möglichkeit für die direkte Feststoff-AAS besteht in der Anwendung der Sputter-Technik. Man benutzt dafür eine einfache Variante: Demontierbare HKL [29]. Ein entsprechend bearbeitetes Metall (Rohr) wird als Hohlkathode in ein evakuierbares System eingeführt. Ein Argongasstrom wird bei vermindertem Druck durch dieses System geführt. Die Entladung erfolgt wie bei einer normalen HKL. Dabei werden freie Atome des Metalls gebildet. Leitet man den Strahl einer anderen Hohlkathode durch den Innenraum des beschriebenen Systems (durch das Innere des Rohres), so tritt Atomabsorption auf, die gemessen werden kann. Eine praktische Bedeutung hat diese Methode nicht erlangt.

3.4. *Monochromatisierung des Lichtes*

3.4.1. *Aufgabe des Monochromators bei der AAS*

Aufgabe eines Monochromators ist die spektrale Zerlegung des eingestrahlten Lichtes eines bestimmten Spektralbereiches der elektromagnetischen Strahlung. Dabei soll praktisch nur das interessierende Licht aus dem Austrittsspalt des Monochromators heraustreten. Das gesamte Fremdlicht einschließlich des Untergrundes soll nach Möglichkeit ausgeblendet werden. Bei der AAS liegt das Spektralgebiet zwischen 852,1 nm (Resonanzlinie des Cs) und 193,7 nm (Resonanzlinie des As) bzw. 71,1 nm (Resonanzlinie des F). Die praktische AAS wurde jedoch bisher nicht auf das Vakuum-UV ausgedehnt.

Im Gegensatz zur Aufgabe von Emissionsspektrographen und -metern, bei denen der Monochromator ein sehr linienreiches Licht bei Vorhandensein eines mehr oder weniger starken Untergrundes zur Verbesserung des Signal-Untergrund-Verhältnisses möglichst extrem zu trennen hat, ist das Auflösungsvermögen eines Monochromators für die AAS nicht von so extremer Bedeutung. Das ist darauf zurückzuführen, daß der Linienreichtum der verwendeten spektralen Lichtquellen nicht allzu groß ist und daß vor allem kaum Koinzidenzen bei den Absorptionslinien auftreten. Trotz dieser günstigen Umstände wirkt sich die Qualität eines Monochromators auf die Empfindlichkeit der AAS-Bestimmungen, auf das Signal-Rausch-Verhältnis (Beeinflussung der Reproduzierbarkeit) und auch auf die Extinktions-Konzentrations-Beziehung (Eichkurvenkrümmung, Beeinflussung der Richtigkeit) aus. Im einzelnen werden diese Einflußfaktoren und die zu berücksichtigenden Parameter in den nächsten Abschnitten behandelt. Es ist noch zu bemerken, daß Filter — auch normale Interferenzfilter — nicht für die AAS geeignet sind, da die Halbwertsbreiten der Filter zu groß sind.

3.4.2. Charakterisierung von Monochromatoren

Ein Monochromator besteht aus einem dispergierenden Element (Gitter oder Prisma), den für die Strahlenführung erforderlichen Oberflächenspiegeln oder Linsen und dem Eintritts- und Austrittsspalt. Wichtige Größen für die Charakterisierung des Monochromators sind das Auflösungsvermögen ($\lambda/\Delta\lambda$; $\Delta\lambda$ = Differenz von zwei gerade noch trennbaren Linien), die reziproke Lineardispersion (RLD angegeben in nm/mm) und die Lichtstärke.

Die Lichtstärke der Monochromatoren hängt von der Brennweite und dem Durchmesser der Linsen bzw. Spiegel, der Größe des Gitters, der blaze-Wellenlänge des Gitters und der Reflexion der Spiegel ab.

Für das Auflösungsvermögen von Prismenmonochromatoren gilt

$$A = b \cdot \frac{\Delta n}{\Delta \lambda} \tag{38}$$

(b: Basislänge des Prismas; Δn: Brechungsindexdifferenzen bezogen auf $\Delta\lambda$: Wellenlängendifferenzen).

Die RLD ist dem Auflösungsvermögen umgekehrt proportional. Beide Größen sind sehr vom jeweiligen Spektralgebiet abhängig. In Abb. 13 sind die RLD von 2 Monochromatoren mit Glas- bzw. Quarzprisma in Abhängigkeit von der Wellenlänge dargestellt. Daraus geht hervor, daß im sichtbaren Spektralgebiet bevorzugt Glas- und im ultravioletten Spektralgebiet Quarzprismen zu verwenden sind. Im extremen UV sind jedoch auch Quarzprismen nicht mehr besonders durchlässig. Aus diesem

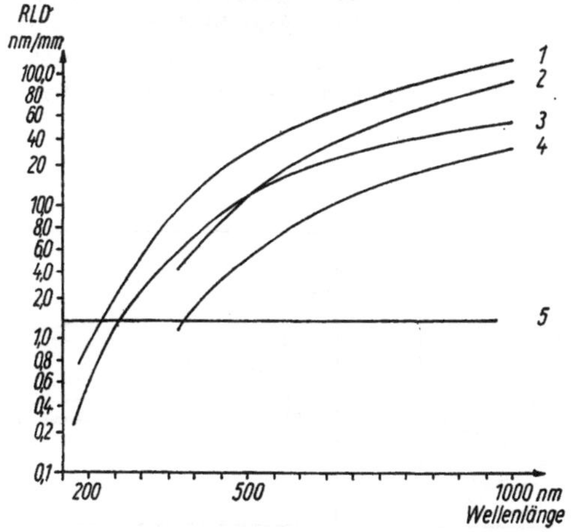

Abb. 13. Reziproke Lineardispersionen (RLD) von Monochromatoren des VEB Carl Zeiss Jena
(1 — Spiegelmonochromator SPM 1 mit Quarzprisma, 2 — mit Glasprisma; 3 — Spiegelmonochromator SPM 2 mit Quarzprisma, 4 — mit Glasprisma; 5 — Gittermonochromator des AAS 1/AAS 1 N)

Grunde verwendet man in AA-Spektrometern hauptsächlich Gittermonochromatoren. Für das Auflösungsvermögen eines Gitters gilt

$$A = n \cdot z \qquad (39)$$

(z: Strichzahl des Gitters; n: Ordnung des Spektrums).

Sowohl das Auflösungsvermögen als auch die RLD sind damit von der Wellenlänge unabhängig. Aus Gründen der Lichtstärke arbeitet man bevorzugt in der 1. Ordnung. Im allgemeinen werden Gitter mit Strichzahlen zwischen 500 und 3000 Strich/mm eingesetzt. Die Gesamtstrichzahlen von Gittern liegen in der Größenordnung von 10^5. Daraus resultieren bei den entsprechenden Monochromatoren RLD-Werte zwischen 0,5 und 5 nm/mm (vgl. auch Abb. 13). Da ein Gitter nur in einem begrenzten Spektralbereich (in der Nähe der blaze-Wellenlänge) eine hohe Lichtstärke besitzt, sind bei sehr guten Spektrometern 2 Gitter einsetzbar. Da die größere Anzahl der Resonanzlinien im UV liegt, werden die meisten AA-Spektrometer mit Gittern, die bei 300 nm geblazt wurden, ausgerüstet.

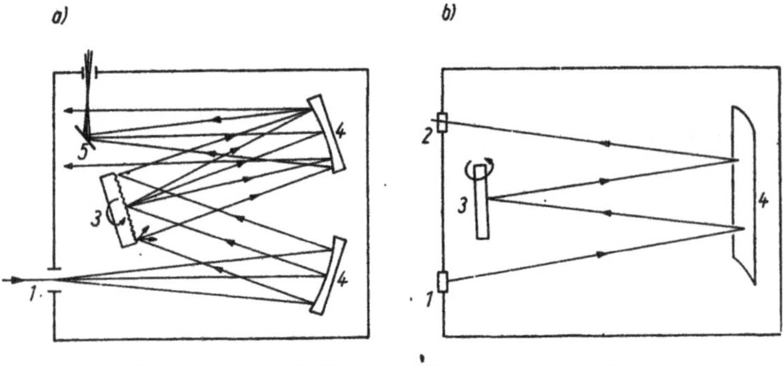

Abb. 14. Gebräuchliche Aufstellungen in Gittermonochromatoren
Strahlengänge: a) CZERNY-TURNER-Aufstellung; b) EBERT-Aufstellung
(*1* — Eintrittsspalt; *2* — Austrittsspalt; *3* — Plangitter, drehbar; *4* — Konkavspiegel; *5* — Planspiegel)

Einige unterschiedliche Aufstellungen von Gittermonochromatoren sind in Abb. 14 angegeben. Für AA-Spektrometer wird häufig die CZERNY-TURNER-Aufstellung verwendet.

Neben der Wellenlänge kann man an einem Monochromator auch die Spaltbreite einstellen. Das Produkt von RLD und Spaltbreite ergibt die spektrale Spaltbreite (oder auch spektrale Bandbreite). Geringe spektrale Spaltbreiten bewirken ein sehr gutes Auflösungsvermögen und eine schlechte Lichtstärke. Diese beiden Größen sind in Abhängigkeit von der Aufgabenstellung zu optimieren. Aus den Darlegungen geht hervor, daß mit Gittern höherer Strichzahl größere Spaltbreiten für die gleiche spektrale Spaltbreite ausreichen. Somit hat auch die Strichzahl einen Einfluß auf die Lichtstärke des Monochromators.

3.4.3. Parameter und Bedingungen für Monochromatoren von AA-Spektrometern

Die spektralen Lichtquellen (HKL und EDL) emittieren jeweils eine Vielzahl von Linien, die mit unterschiedlicher Intensität oder von einem bestimmten Plasma auch gar nicht absorbiert werden können. Oftmals liegen neben der intensivsten Resonanzlinie solche schlecht oder nicht absorbierbare Linien. Das Licht dieser Linien muß vom Monochromator möglichst vollständig ausgeblendet werden, anderenfalls ergeben sich schlechte Empfindlichkeiten und Eichkurvenkrümmungen.

Durch Verringerung der geometrischen und damit der spektralen Spaltbreite kann man ggf. die Empfindlichkeit der AA-Bestimmungen erhöhen. Gleichzeitig wird damit das Signal-Untergrund-Verhältnis des emittierten Lichtes verbessert. Auch hierdurch ergeben sich positive Effekte für die Empfindlichkeit und die Geradlinigkeit der Eichkurven. Die Grenze für die Verengung des Spaltes ist das schlechter werdende Signal-Rausch-Verhältnis des gesamten Empfangssystems, denn mit der

Verengung des Spaltes verkleinert sich die Lichtstärke. Das bedeutet, daß eine große elektronische Verstärkung notwendig ist.

Für die Mehrzahl der analytischen Bestimmungen genügen spektrale Spaltbreiten von 0,2 nm, die bei den meisten Monochromatoren mit geometrischen Spaltbreiten von 0,5 bis 0,05 mm erreichbar sind.

3.4.4. *Resonanzdetektoren*

Auf einem völlig anderen Prinzip beruht die Monochromatisierung des Lichtes durch Resonanzdetektoren. Das Licht der HKL oder EDL wird nach Durchgang durch den Absorptionsraum auf den Resonanzdetektor geleitet. Im Resonanzdetektor wird ständig eine kühle Atomwolke des gleichen Elementes erzeugt. Diese Atomwolke absorbiert die abgestrahlte Resonanzlinie und emittiert infolge von Atomfluoreszenz bei der gleichen Wellenlänge in alle Raumrichtungen. Die Intensität der Fluoreszenzstrahlung wird gemessen. Veränderungen der Intensität des eingestrahlten Lichtes ergeben veränderte Fluoreszenzintensitäten. Probleme dieser Detektoren bestehen darin, daß nicht nur eine Resonanzlinie absorbiert wird, sondern auch die weniger intensiven Resonanzlinien zum Fluoreszenzlicht beitragen und daß wiederum für jedes Element ein spezieller Detektor verwendet werden muß. Vorteile ergeben sich, wenn ein Gerät nur für die Bestimmung von sehr wenigen Elementen eingesetzt werden soll. Es kann dann auf den teuren Monochromator verzichtet werden.

3.4.5. *Strahlengänge bei AA-Spektrometern*

Beim Einstrahl-Einkanal-AA-Spektrometer (vgl. Abb. 15), dem einfachsten Typ, wird das Licht der HKL mittels einer Linse in den Absorptionsraum und mittels einer 2. Linse von dort auf den Eingangsspalt des Monochromators fokussiert. Es können auch Spiegel verwendet werden. Letztere sind günstiger, da sich die Brennweite nicht mit der Wellenlänge ändert. Voraussetzung für ein einwandfreies Arbeiten dieses Gerätetyps ist eine stabile Strahlung der Lichtquelle, welche durch eine stabile Elektronik erreicht wird.

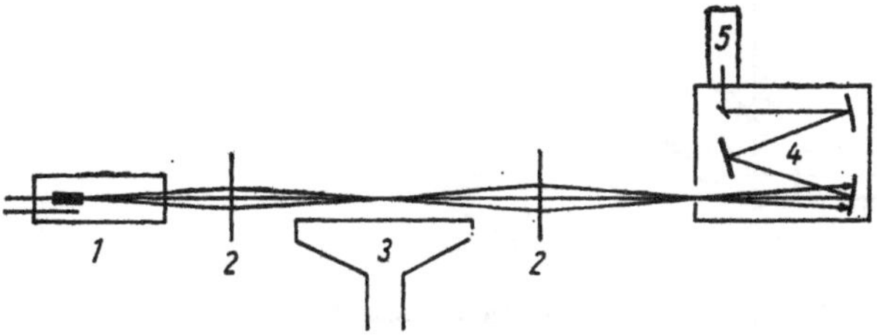

Abb. 15. Strahlengang eines Einstrahl-Einkanal-AA-Spektrometers (1 – HKL; 2 – Linsenoptik; 3 – Brennerkopf; 4 – Monochromator; 5 – SEV)

Eine Erhöhung der Empfindlichkeit ist durch Mehrfachdurchgang des Lichtes (durch entsprechende Spiegel) durch den Absorptionsraum möglich.

Häufiger werden für die AA-Spektrometer Zweistrahl-Einkanal-Geräte eingesetzt (vgl. Abb. 16).

Mittels eines Strahlungsteilers (oftmals eine Spiegel-Chopper-Kombination) wird das Licht in zwei möglichst gleich intensive Strahlen geteilt. Der Meßstrahl durchsetzt den Absorptionsraum, der Vergleichsstrahl wird an diesem vorbeigeführt. Alternierend treffen die beiden Strahlen auf den Empfänger. Die nachfolgende Elektronik ist so eingestellt, daß der Referenzstrahl unabhängig von Intensitätsschwankungen der Lichtquelle immer gleich 100% gesetzt wird. Somit wirken sich Intensitätsschwankungen nicht negativ aus. Auf lange Einbrennzeiten der Lichtquellen kann verzichtet werden.

Es werden auch Zweistrahl-Zweikanal-AA-Spektrometer hergestellt. Sie verfügen über zwei äquivalente

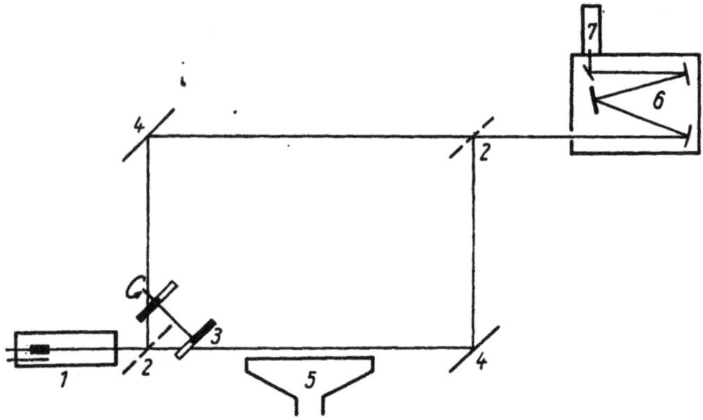

Abb. 16. Strahlengang eines Zweistrahl-Einkanal-AA-Spektrometers
(1 – HKL; 2 – Strahlungsteiler; 3 – mechanischer Chopper; 4 – Planspiegel; 5 – Brennerkopf; 6 – Monochromator; 7 – SEV)

Monochromatoren. Diese können für unterschiedliche Zwecke genutzt werden. Einmal können simultan zwei Elemente nebeneinander bestimmt werden, zum anderen kann zur Verbesserung der Reproduzierbarkeit mit der Methode des inneren Standards gearbeitet werden und zum dritten ist die Untergrundkompensation nach der Zweilinienmethode möglich (vgl. 3.7.5.).

3.5. *Lichtmessung und Signalverarbeitung*

3.5.1. *Lichtintensitätsmessung*

Die Intensitätsmessung des eingestrahlten und durchgelassenen Lichtes erfolgt bei der AAS durch Sekundärelektronenvervielfacher (SEV), der am Ausgangsspalt des Monochromators angebracht ist. Das Lichtsignal wird in ein elektrisches Signal verwandelt, welches gleichzeitig im SEV verstärkt wird. Abb. 17 stellt einen SEV schematisch dar.

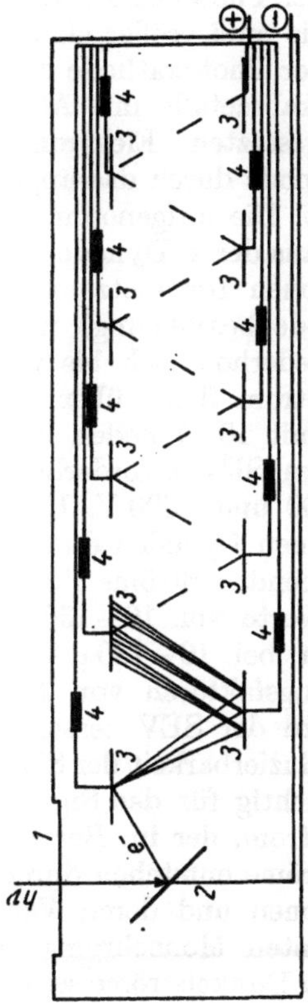

Abb. 17. Schematische Darstellung eines Sekundärelektronenvervielfachers (SEV) (*1* – Quarzfenster – Lichteintritt; *2* – lichtempfindliche Kathode; *3* – Dynoden; *4* – Widerstände – Spannungsteiler)

Der SEV besteht aus einer evakuierten Glasröhre mit Quarzfenster. Die Photonen treffen auf die photoempfindliche Kathode. Durch den äußeren lichtelektrischen Effekt werden durch die Energie der Photonen Elektronen freigesetzt. Die Photonenenergie muß größer als die Ionisierungsenergie des Materials der Photokathode sein (man verwendet hauptsächlich Alkalimetalle mit Aktivierungskomponenten). Die freigesetzten Elektronen werden in Richtung der ersten Dynode durch das angelegte elektrische Feld beschleunigt. Die aufgenommene kinetische Energie reicht aus, daß aus der 1. Dynode pro Elektron mehrere Sekundärelektronen freigesetzt werden, die in Richtung der 2. Dynode beschleunigt werden. Dieser Verstärkungseffekt wiederholt sich bis zur letzten Dynode. Der verstärkte Strom fließt über die Anode ab. Oftmals werden SEV mit 10 Dynoden verwendet. Die für den Betrieb eines SEV erforderliche Gesamtspannung liegt zwischen 600 und 1500 V. Über Spannungsteiler erhalten die einzelnen Dynoden die abgestuften Spannungen. Die entstehenden Ströme liegen im μA-Bereich. Es ergeben sich Werte von 10—150 A/*l*m. Da die Kathodenströme etwa bei 10—150 μA/*l*m liegen, liefert ein SEV Verstärkungsfaktoren von 10^6. Durch starke Lichteinwirkung wird der SEV zerstört. Voraussetzung für eine hohe Reproduzierbarkeit der SEV ist eine stabile Hochspannung. Wichtig für das Signal-Rausch-Verhältnis ist der Dunkelstrom, der im Bereich von 10^{-10} bis 10^{-8} A liegt. Dunkelströme entstehen durch selbständiges Ablösen von Elektronen und deren Verstärkung. Bezogen auf den gesamten Monochromator kann auch Streulicht die Ursache für Dunkelströme sein.

3.5.2. Signalverstärkung

Das im SEV erzeugte elektrische Signal wird durch elektronische Verstärker verstärkt. Im einfachsten Fall werden Gleichspannungsverstärker benutzt. In den weitaus meisten Fällen werden jedoch Wechselspannungsverstärker eingesetzt. Dies erfordert ein Wechselspannungssignal des SEV, welches durch ein entsprechendes Wechsellichtsignal erzeugt wird. Wie bereits beschrieben (3.2.) wird das Licht der HKL bzw. EDL mechanisch mit einem Chopper oder elektronisch moduliert. Die Modulationsfrequenz wird nach dem Lock-in-Prinzip direkt zur Steuerung des Wechselspannungsverstärkers benutzt. Dieser verstärkt dann phasen- und frequenzempfindlich nur noch die entsprechend modulierte Strahlung, womit die Möglichkeit für die Ausschaltung von Fremdlicht gegeben ist (vgl. 3.7.2.).

Weitere Verstärkungen sind durch angeschlossene Digitalvoltmeter, Spreizeinrichtungen, Schreiber usw. möglich. Eine wichtige Voraussetzung für den ordentlichen Betrieb ist eine hohe Stabilität der Elektronik. Sie muß in der Lage sein, Änderungen des Lichtstromes von $< 0{,}1\%$ richtig und reproduzierbar messen zu können.

3.5.3. Signalanzeige

Im einfachsten Fall erfolgt die Signalanzeige mit einem Voltmeter (Analoganzeige). Eine lineare Skala liefert die Werte für % Absorption und % Transmission, durch eine logarithmische Skaleneinteilung kann man auch direkt Extinktionswerte ablesen. Alle modernen Geräte werden mit Digitalvoltmetern ausgerüstet. Die Ausgabe kann über Leuchtziffern oder Drucker erfolgen. Es sollte mindestens die Darstellung von 4 besser von 6 Ziffern möglich sein, denn anderenfalls ist die Analoganzeige genauer.

In jedem Fall — besonders beim Einsatz von GRK — ist der zusätzliche Anschluß eines Schreibers mit niedriger Zeitkonstante ($< 0{,}5$ s) zu empfehlen. In zunehmendem Maße kommen auch Videodisplays zum Einsatz. Diese Analogdarstellung ermöglicht die Signalkontrolle über die Zeit, was besonders bei Kurzzeitsignalen sehr heterogener Art, wie sie bei der elektrothermischen Atomisierung auftreten, sehr wichtig ist.

3.5.4. Signalverarbeitung

Sowohl bei Analog- als auch bei Digitalanzeige muß der Bereich zwischen 0 und 100% Transmission bzw. zwischen 0 und etwa 2 Extinktionseinheiten darstellbar sein. Darüber hinaus ist es besonders im Gebiet geringer Extinktionen bzw. hoher Transmissionen notwendig, daß man kleinste Absorptionsunterschiede erkennen kann. Dies erfolgt durch die Signalspreizung, die praktisch an allen Geräten möglich ist. Bei Darstellung der % T- bzw. % A-Werte erfolgt die Spreizung in bestimmten Stufen (Faktor 2, 5, 10), damit gilt die Gesamtanzeige (Schreiberbreite) für die Bereiche 0—50%, 0—20% bzw. 0—10% Absorption. Die Spreizung von Extinktionswerten erfolgt stufenlos. Diese stufenlose Verstärkung ermöglicht die Ausgabe der Extinktion durch Berücksichtigung einer Eichfunktion (Division der Extinktion durch die Empfindlichkeit) in Konzentrationswerten.

Zusammenfassend kann festgestellt werden, daß mit guten Spektrometern Extinktionen von 0,0001 meß- und auswertbar sind, wobei in diesem Bereich die Angabe von % Absorption und deren folgende Umrechnung günstiger ist.

Da bei der AAS vor allem durch die Atomisierung ein Signalrauschen auftritt, ist man bemüht, die Reproduzierbarkeit des Meßsignals durch Signalintegration über eine bestimmte Zeit zu erhöhen. Die Verbesserung der Präzision ist $1/\sqrt{t}$ (t: Integrationszeit) proportional. Bedient man sich der Integration lediglich zur Verbesserung der Reproduzierbarkeit — dies geschieht vor allem bei der Flammen-AAS — so wird das Integrationssignal elektronisch durch t dividiert, womit der Signalwert dem der Einzelmessung gleich ist. Im allgemeinen verwendet man Integrationszeiten zwischen 1 und 20 s. Eine Verbesserung der Ablesbarkeit der Anzeige ist im Fall der Flammen-AAS evtl. durch eine größere Dämpfung zu erzielen. Bei Anwendung der elektrothermischen Atomisierung ist es erforderlich, Kurzzeitvorgänge richtig und reproduzierbar messen zu können. Die Zeitkonstante des Anzeigesystems soll $< 0{,}5$ s sein. Wegen der Signalheterogenität ist die Analogdarstellung des gesamten Signals mit einem schnellen Schreiber nach wie vor die beste Variante. Die Digitalanzeige ist ebenfalls möglich. Das benutzte Digitalvoltmeter muß allerdings über einen entsprechenden Maximal- bzw. Minimalwertspeicher verfügen. Die Entscheidung, ob der angezeigte Extinktionsmaximalwert tatsächlich dem spezifischen AA-Signal zuzuordnen ist oder evtl. auch von unspezifischen Absorptionen verursacht wurde (vgl. 3.7.3.; 3.7.4.), kann nur durch entsprechende Untersuchungen getroffen werden. Einfachstes Hilfsmittel dafür ist das Schreibersignal. Auch bei der Auswertung dieser Kurzzeitsignale kann die Signalintegration von Vorteil sein. Es kann sowohl eine Verbesserung der Richtigkeit als auch der Reproduzierbarkeit der Werte erfolgen. Bei der elektrothermischen Atomisierung schwer verdampfbarer Materialien, für die die maximalen thermischen Bedingungen des Atomisators angewendet werden müssen, kann es durch Schwankung der Parameter und Bedingungen zu mehr oder weniger schnellen oder verzögerten Verdampfungen kommen. Das bedeutet, daß zwar das gesamte Material verdampft wird, daß aber infolge der parallel einsetzenden Diffusion bei verzögerter Verdampfung die maximale Atomkonzentration und damit das AA-Signal kleiner werden. Mit dieser Verringerung des maximalen Extinktionswertes wächst die Signaldauer. Die Durchführung einer echten Integration der Extinktion E über die Signaldauer t führt unabhängig von der Signaldauer zu den gleichen Werten. Moderne AAS-Geräte verfügen sowohl über die Peakhöhen- als auch über die Peakflächenauswertung.

Bei der Ausarbeitung von Bestimmungen durch AAS kann man oft feststellen, daß die Eichkurven für die Extinktions-Konzentrations-Beziehung mit zunehmender Konzentration in Richtung der Konzentrationsachse gekrümmt sind. Die Ursachen dieser Krümmung können in der Qualität der Lichtquelle, dem Atomisierungsvorgang und auch der Monochromatoreinstellung liegen. Da für die praktische Analytik lineare Eichkurven immer günstiger sind, hat man Verfahren für entsprechende Korrekturen entwickelt. Die Kurvenkorrektur erfolgt elektronisch. Das Prinzip ist in der Abb. 18 dargestellt.

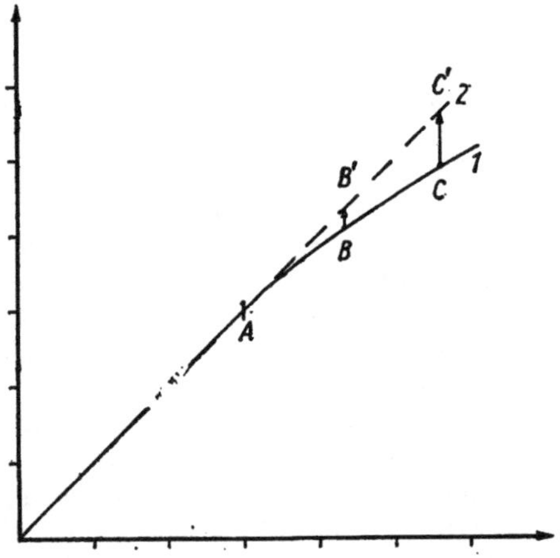

Abb. 18. Schematische Darstellung einer Eichkurvenkorrektur (*1* – gemessene Kurve; *2* – korrigierte Kurve; $\overline{AB}$ und $\overline{BC}$ in $\overline{AB'}$ bzw. $\overline{B'C'}$ überführte Kurventeile)

Kurve 1 zeigt den Verlauf der gemessenen Eichkurve. Am Punkt A beginnt die Krümmung. Wenn ein Meßbereich bis zum Punkt C angestrebt wird, so muß der Kurventeil AC durch elektronische Multiplikation in den Kurventeil AC′ überführt werden, so daß sich die lineare Kurve 2 ergibt. Ist die Krümmung sehr stark, so sollte der zu transformierende Abschnitt in 2 oder mehr Teile (Strecke AB und BC) zerlegt werden. Mikrocomputer sind für eine einwandfreie Transformation am besten geeignet.

Zur weiteren Verbesserung der Schnelligkeit der Messungen hat sich die automatische Nullpunkteinstellung bewährt. Sie erlaubt sowohl bei Ein- als auch bei Zweistrahlgeräten durch Knopfdruck die automatische Einstellung auf die Werte Absorption bzw. Extinktion gleich 0.

3.6. *Automatisierung*

Dem allgemeinen Trend folgend, bemühen sich auch die Hersteller von AA-Spektrometern, möglichst viele mechanisierte und automatisierte Baugruppen in die Geräte einzubauen. Die Automatisierung trägt zu einer Verbesserung der Reproduzierbarkeit und damit des Nachweisvermögens und zu einer Erhöhung des Probendurchsatzes bei.

Obwohl prinzipiell alle Baugruppen automatisierbar wären, wird dies aus Zweckmäßigkeitsgründen nur an einigen realisiert:

1. Automatische Probegeber: Diese werden sowohl für die Flammen-AAS als auch für die elektrothermische Atomisierung produziert. Besonders bei der zuletzt genannten Technik führt dies zur Verbesserung der Reproduzierbarkeit. In beiden Fällen erhöht sich der Probedurchsatz.
2. Mikrocomputer: In der letzten Zeit nimmt der Einsatz von Mikrocomputern in AA-Spektrometern ständig zu. Durch Mikrocomputer sind einmal eine Reihe von Auswertungen und Berechnungen zum anderen aber auch viele Steuerprozesse und Programmierungen möglich. Zu den Auswertungs- und Berechnungsmöglichkeiten sind zu zählen: Extinktionsermittlung, Untergrundkompensation (vgl. 3.7.5.), Konzentrationsermittlung, Eichfunktionsberechnung, Berechnung der Standardabweichung, Kurvenkorrektur, Auswertung der Additionstechnik, Auswertung der Methode des inneren Standards usw.

Zu den durch Mikrocomputer steuerbaren Prozessen sind zu zählen: HKL bzw. EDL — Lampenwechsel; Einstellung der Stromparameter der Lichtquellen, Steuerung der Probegeber, Einstellung der Gasströmungsgeschwindigkeiten, Einstellung und Kontrolle der thermischen Parameter der GRK, Einstellung der optimalen Wellenlänge, automatische Werteausgabe auf Drucker u. dgl., Programmspeicherung für entsprechende Vorgaben.

Oftmals wird zur sichtbaren Kontrolle der programmierten Parameter ein Videodisplay verwendet.

3.7. *Apparative Kompensation spektraler Störungen*

Die Beziehung zwischen der Konzentration einer Lösung (c) und der Extinktion (E) ergibt sich bei Messung an der Stelle der maximalen Absorption der Linie zu

$$E = \frac{A}{\Delta \nu_D} \cdot l \cdot N_g = \frac{A}{\Delta \nu_D} \cdot l \cdot r \cdot c \tag{40}$$

($A/\Delta \nu_D$: Absorptionskoeffizient; $\Delta \nu_D$: Doppler-Breite; r: Proportionalitätsfaktor zwischen N_g und c; N_g: Teilchenzahl im Grundzustand im Plasma).

Infolge zusätzlicher, spezifischer und unspezifischer Emissions- und Absorptionserscheinungen kann die Gleichung, wie folgt, erweitert werden:

$$E = \frac{A}{\Delta \nu_D} \cdot l \cdot N_g - BN_g - CN_g - D + E + F \tag{41}$$

(BN_g: Thermische Emission der Teilchen, deren AA gemessen werden soll; CN_g: Atomfluoreszenz der Teilchen, deren AA gemessen werden soll; D: Unspezifische thermische Emission; E: Lichtstreuung im Plasma; F: Molekülabsorption; vgl. 2.3.4.)

Diese Störungen müssen erkannt und nach Möglichkeit beseitigt werden. Anderenfalls erhält man falsche Ergebnisse.

3.7.1. Charakterisierung der spezifischen und unspezifischen Emissionsprozesse

Zu den spezifischen Emissionsprozessen gehören die thermische Emission und die Atomfluoreszenz der Teilchen, deren AA im gegebenen Fall bestimmt werden soll.

Die thermische Emission, die durch Stöße 1. Art durch die energieliefernden Verbrennungsprodukte in Flammen oder durch das erhitzte Plasmagas in GRK angeregt wird, nimmt nennenswerte Ausmaße vor allem bei den leicht anregbaren Atomen (Alkalien, Erdalkalien usw.) an. Diese spezifische thermische Emission erfolgt vor allem bei den Resonanzlinien mit hoher Übergangswahrscheinlichkeit. Da gerade diese Linien auch zur Messung der AA herangezogen werden, kann die Störung recht groß sein. Wesentlichen Einfluß auf das Ausmaß der Störung hat die Plasmatemperatur, denn in dem für die AAS typischen Temperaturgebiet zwischen 1500 und 3700 K erhöht sich die Intensität der thermischen Emission um mehrere Größenordnungen.

Die Atomfluoreszenz der Teilchen gehört ebenfalls zu den spezifischen Emissionen. Die bei der Atomabsorption aufgenommene Energie führt zu angeregten Atomen, welche durch Emission wieder in den Grundzustand übergehen. Daneben treten auch strahlungslose Übergänge (Stöße 2. Art) auf. Erfolgt Absorption und Emission bei der gleichen Wellenlänge, so bezeichnet man den Vorgang als Resonanzfluoreszenz. Die Intensität der Fluoreszenz hängt vom Absorptionskoeffizienten, von der Intensität der Lichtquelle, von der Fluoreszenzausbeute und von geometrischen Faktoren ab. Da die Intensitäten der verwendeten Lichtquellen meistens nicht sehr hoch sind, spielt die Atomfluoreszenz als Störprozeß keine entscheidende Rolle.

Von wesentlich größerer Bedeutung ist die unspezifische Emission. Sie kann von sehr verschiedenen Teilchenarten verursacht werden. Eine spektrale Zerlegung dieses Lichtes würde Linien-, Banden- und kontinuierliche Spektren ergeben. Die Linienspektren sind auf die thermische Emission anderer im Plasma vorhandener freier Atome zurückzuführen (z. B. aus der Matrix). Infolge der geringen Zahl der bei diesen niedrigen Temperaturen anregbaren Elemente und der Linienarmut der Spektren kommt es kaum zu Koinzidenzen.

Die Bandenspektren werden durch thermische Emission von im Plasma vorhandenen Molekülen und Radikalen verursacht. Diese Emission spielt besonders bei Flammen eine Rolle. Radikale wie OH, CH, CN, C_2 haben charakteristische und intensive Banden im sichtbaren und ultravioletten Gebiet. Neben diesen Radikalen können auch stabile, aus der Matrix stammende Moleküle zur thermischen Emission beitragen (z. B. SrOH-Emission beeinflußt Na-AA). Diese Emission erfolgt auch im Plasma der GRK. Die Intensität dieser Bandenemission hängt von der Plasmatemperatur und von der Konzentration der jeweiligen Teilchen ab. Durch Veränderung der Flammengaszusammensetzung kann sich die thermische Bandenemission verändern.

Der kontinuierliche Emissionsuntergrund wird hauptsächlich von glühenden kondensierten Teilchen (Ruß in Flammen, nicht verdampfte Probeteilchen, Wände der GRK usw.) verursacht. Diese Emission ist nach dem PLANCKschen Strahlungsgesetz eine eindeutige Funktion der Temperatur. Im betrachteten Temperaturgebiet liegt das Intensitätsmaximum im sichtbaren Spektralgebiet. Jedoch treten auch im UV gewisse Intensitäten auf. In geringerem Umfang können Kontinua auch von Molekülen und Atomen bzw. Ionen in Wechselwirkung mit freien Elektronen emittiert werden.

3.7.2. Möglichkeiten der Beseitigung der spezifischen und unspezifischen Emission

Seit langem werden wegen des Auftretens der genannten Emissionen die Strahlungen der anregenden Lichtquellen moduliert (vgl. 3.5.). Die eingesetzten Wechselspannungsverstärker verstärken frequenz- und phasenempfindlich nur dieses modulierte Licht, womit zumindest der größte Teil der gleichförmig auftreffenden spezifischen und unspezifischen Emission nicht mit verstärkt wird. Lediglich die spezifische Atomfluoreszenz wird mit der gleichen Modulationsfrequenz, wie sie die anregende Strahlung besitzt, abgestrahlt. Eine Beseitigung dieser Atomfluoreszenz ist deshalb mit dem beschriebenen Wechsellichtverfahren nicht möglich. Glücklicherweise ist die Intensität der Atomfluoreszenz (vgl. 3.7.1.) nicht groß, nur ein winziger Bruchteil dieser Strahlung erreicht den Eingangsspalt des Monochromators.

Es ist allerdings zu berücksichtigen, daß die Emission in einem thermischen Plasma immer eine „Eigenmodulation" besitzt. In Flammen wird diese Eigenmodulation durch Schwankungen der Flammengaszusammensetzung, der Zerstäubung und der geometrischen Struktur und in der GRK durch die Auswirkungen des Wechselstroms (zur Heizung), der heterogenen Verdampfung usw. verursacht. Mit zunehmender Plasmatemperatur verlagert sich das Frequenzmaximum dieser Eigenmodulation zu höheren Frequenzen. Dies bedeutet für die Hersteller, daß die Modulationsfrequenz außerhalb dieses maximalen Frequenzbereichs liegen sollte. Im allgemeinen genügen diesem Zweck Modulationsfrequenzen zwischen 100 und 300 Hz.

3.7.3. Charakterisierung der Lichtstreuung

Die Streuung des eingestrahlten Lichtes erfolgt in realen Plasmen weitgehend an kondensierten, d. h. nicht vollständig verdampften Teilchen, deren Größe im und unterhalb des µm-Bereichs liegt. Die Lichtstreuung täuscht eine Absorption vor, denn sie führt letztlich zu einer Verminderung der Transmission. Sie gehorcht dem Rayleighschen Streulichtgesetz. Die Streuung nimmt nach $1/\lambda^4$ mit abnehmender Wellenlänge stark zu. Beim Übergang von 400 auf 200 nm steigt sie dementsprechend auf das 16fache. Sowohl in Flammen als auch in GRK ist die Stärke der Streuung von der Matrixart und auch deren Menge abhängig. Es ist in vielen Fällen unbedingt erforderlich, daß dieses vorgetäuschte Absorptionskontinuum apparativ beseitigt wird.

3.7.4. *Charakterisierung der Molekülabsorption*

Wie die Atome können auch Moleküle Licht im sichtbaren und ultravioletten Spektralgebiet absorbieren und dabei in angeregte Zustände übergehen. Infolge der Überlagerung der Elektronenanregung mit der Anregung von Schwingungen und Rotationen haben die Molekülabsorptionen die Form von mehr oder weniger strukturierten Banden. In Abhängigkeit vom Auflösungsvermögen des Spektrometers und vom Abstand zum Bandenkopf stellt sich die Bande als Linienspektrum mit sehr eng beieinander liegenden Linien dar. Mit normalen AA-Spektrometern ist dieses Auflösungsvermögen nicht zu erreichen.

Neben den genannten Absorptionsbanden treten auch Dissoziationskontinua auf, die durch entsprechende Absorption mit nachfolgender Moleküldissoziation verursacht werden. Die Halbwertsbreiten dieser Absorptionsbanden und der Dissoziationskontinua sind sehr viel größer als die der Atomlinien ($\Delta\lambda$ zwischen einigen nm und 100 nm und mehr).

In Abhängigkeit vom jeweiligen Absorptionsvermögen und dem Spektralgebiet kann jedes Molekül störend wirken. In Flammen sind das hauptsächlich die Flammengasmoleküle und die aus der Matrix entstehenden Moleküle. Im Falle der elektrothermischen Atomisierung entfallen die Flammengase, denn das Plasmagas Argon ist atomar. Die Molekülabsorption durch Matrixmoleküle tritt jedoch verstärkt auf, weil neben der unvollständigen Dissoziation auch die Molekülbildung infolge des negativen Temperaturgradienten zwischen der Graphitrohroberfläche und dem Plasma zur Erhöhung der Molekülkonzentration beiträgt. Derartige Molekülbildungen sind vor allem zwischen metallischen Atomen im Plasma möglich. Bei den gebräuchlichen Temperaturen treten nennenswerte Konzentrationen ab Dissoziationsenergien von 3 bis 4 eV auf. Wegen der Stärke der Molekülabsorption ist vor allem bei Anwendung der elektrothermischen Atomisierung eine Untergrundkompensation erforderlich.

Es sei noch darauf hingewiesen, daß auch Überlappungen von Absorptionslinien möglich sind. In keinem Fall überlappen jedoch zwei intensive Resonanzlinien, so daß Störungen nur in speziellen Fällen auftreten können.

3.7.5. Möglichkeiten und Probleme bei der Beseitigung der unspezifischen Absorption

Beim Auftreten unspezifischer Absorptionen ist eine Untergrundkorrektur erforderlich. Diese Untergrundkompensation wird nach 3 unterschiedlichen Prinzipien durchgeführt:

1. Untergrundkompensation mit Hilfe der Zweilinienmethode,
2. Untergrundkompensation mit Hilfe von Kontinuumlichtquellen (Deuteriumuntergrundkompensation),
3. Untergrundkompensation unter Ausnutzung des ZEEMAN-Effektes.

3.7.5.1. Untergrundkompensation durch die Zweilinienmethode

SLAVIN [30] schlug die Untergrundkompensation nach der Zweilinienmethode zuerst vor. Die Grundlage dieser Methode besteht darin, daß die Absorptionslinien der freien Atome eine Halbwertsbreite von nur 10^{-2} nm haben, hingegen die Absorptionsbanden und auch die

Kontinua viel breiter sind. In den meisten Fällen kann man deshalb davon ausgehen, daß die Molekülabsorption und die Lichtstreuung in einem bestimmten Wellenlängenbereich konstant sind. Voraussetzung für die Anwendung der Zweilinienmethode ist ein Zweikanal-AA-Spektrometer. Auf dem ersten Kanal stellt man eine spezifische Atomabsorptionslinie ein. Auf diesem Kanal A mißt man dann die Gesamtabsorption (Summe aus spezifischer Atomabsorption und unspezifischen Absorptionen). Für den zweiten Kanal (B) wählt man eine Linie der Lichtquelle aus, die von der zu bestimmenden Atomart nicht spezifisch absorbiert wird. Mit dem Kanal B mißt man somit nur die unspezifischen Absorptionen und Streuungen. Durch nachfolgende elektronische Differenzbildung der entsprechenden Extinktionen nach $E_{\mathrm{Kanal\,A}} - E_{\mathrm{Kanal\,B}} = E_{\mathrm{spez.\,AA}}$ erhält man die spezifische Atomabsorption. In Abb. 19 ist der Strahlengang eines solchen AA-Spektrometers dargestellt (Typ 810, Jarrell-Ash, USA).

Voraussetzungen für richtige Ergebnisse sind, daß die verwendete „unspezifische Linie“ tatsächlich nicht spezifisch absorbiert wird und daß sich die unspezifische Absorption hinsichtlich ihres Ausmaßes zwischen den beiden Wellenlängeneinstellungen nicht verändert hat. Beide Voraussetzungen sind meistens nicht exakt erfüllt, sie müssen experimentell geprüft werden. Zur Untergrundkompensation wählt man nach Möglichkeit Linien aus, deren Abstand von der Atomabsorptionslinie so klein wie möglich ist (0,5 bis 5 nm). Es ist zweckmäßig, daß diese Linie aus der gleichen Lichtquelle stammt (Ionenlinie oder Atomlinie zwischen angeregten Zuständen, Linie des Füllgases). Es ergeben sich damit 2 Vorteile: Für beide Linien ist die Abbildung identisch, und es ist keine spezifische Atomabsorption anderer Atome an der 2. Linie zu erwarten. Der erste Vorteil ist besonders wichtig für die Untergrundkompensation in stark heterogenen Plasmen (z. B. der GRK). Wenn eine solche Linie nicht zur Verfügung steht, so muß zusätzlich

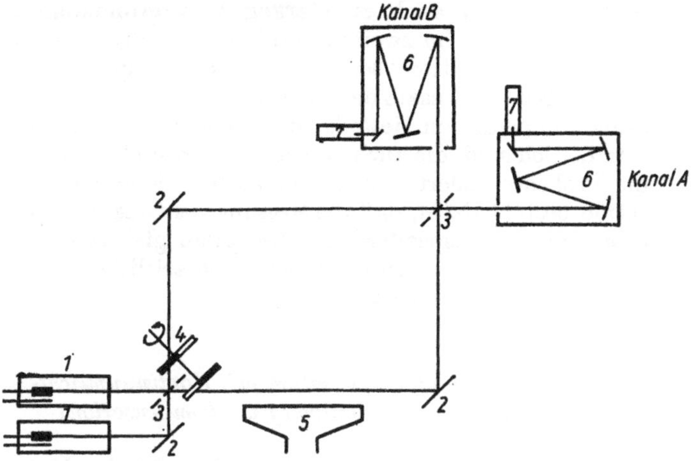

Abb. 19. Strahlengang eines Zweistrahl-Zweikanal-AA-Spektrometers (Typ 810, Jarrell-Ash, USA, Untergrundkompensation: s. Text)
(*1* – Lichtquellen (HKL, EDL); *2* – Spiegel; *3* – Strahlungsteiler; *4* – mechanischer Chopper; *5* – Brennerkopf; *6* – Monochromatoren; *7* – SEV)

eine 2. Lichtquelle (HKL oder EDL) eingebaut werden. Es ist wichtig, daß diese Lampe entsprechend der ersten justiert wird. Trotzdem entfallen beide genannten Vorteile: Es ist in diesem Falle durchaus möglich, daß die gewählte Linie weder durch die zu bestimmende Atomart noch durch die eigene Atomart spezifisch absorbiert wird. Wenn das Element der zweiten Lichtquelle jedoch als Matrix im Absorptionsraum vorliegt, so besteht die Möglichkeit, daß eine geringe Absorption gemessen wird (z. B. Ionenabsorption, Absorption durch angeregte Atome). Eine experimentelle Überprüfung ist unerläßlich. Auch die zweite Voraussetzung — Konstanz der unspezifischen Absorption — ist nur bedingt erfüllt. Besonders beim Vorliegen von Bandenabsorptionen durch Moleküle kann es Probleme geben, da diese Banden steile Flanken besitzen können. Es kann dadurch zu einer zu schwachen oder auch zu starken Untergrundkompensation kommen. Im zweiten Fall kann das Ergebnis eine „negative Extinktion" sein. Aus diesen Darlegungen geht hervor, daß bei Einsatz der Zweilinienmethode zur Untergrundkompensation jeweils intensive Untersuchungen erforderlich sind, die auch zu wiederholen sind, wenn sich die Probeart ändert. Der große Vorteil dieser Kompensation besteht darin, daß die Messung der Gesamtabsorption und der unspezifischen Absorption gleichzeitig erfolgt, somit können keine Fehler durch zeitliche Heterogenitäten des Plasmas auftreten.

3.7.5.2. Untergrundkompensation mit Kontinuumlichtquellen (Deuteriumuntergrundkompensation)

Koirtyohann [31] schlug dieses Prinzip der Untergrundkompensation vor. Es besteht darin, daß alternierend das Licht der HKL bzw. EDL und das Licht einer Kontinuumlichtquelle durch das Absorptionsplasma geführt wird. Mit der spezifischen Linie der HKL bzw. EDL erfaßt man wiederum die Gesamtabsorption. Der Extinktionswert, der sich bei der Messung mit dem Kontinuum ergibt, verkörpert in erster Näherung nur die unspezifische Absorption. Der Grund hierfür ist folgender: Die spektralen Bandbreiten der verwendeten Monochromatoren liegen im allgemeinen zwischen 0,1 und 3 nm. Aus dem Kontinuum wird über die gesamte gewählte spektrale Bandbreite das Licht den Empfänger erreichen. Da die spezifische Atomabsorption nur eine Halbwertsbreite von etwa 0,01 nm besitzt, wird von diesem Kontinuum selbst bei sehr starker Absorption durch freie Atome nur ein winziger Energiebetrag absorbiert. Schematisch sind die Verhältnisse in Abb. 20 dargestellt.

Die Lichtströme beider Lichtquellen müssen von der Elektronik getrennt gemessen und in Extinktionssignale umgewandelt werden. Nach $E_{\mathrm{HKL,EDL}} - E_{\mathrm{Kont}} = E_{\mathrm{spez.AA}}$ erhält man die spezifische Atomabsorption.

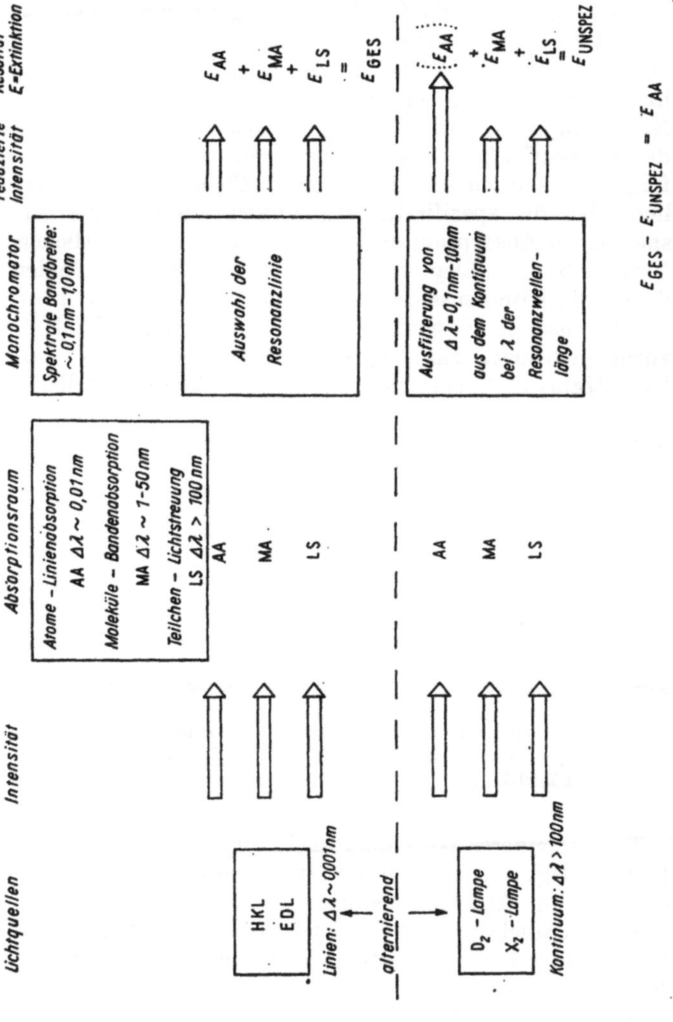

Abb. 20. Schematische Darstellung der Untergrundkompensation mit Hilfe einer Kontinuumlichtquelle (Deuteriumlampen-Untergrundkompensation)

Auch diese Methode der Untergrundkompensation besitzt Vor- und Nachteile. Von Vorteil ist, daß nur ein Monochromator benötigt wird und somit die Messung in erster Näherung bei der gleichen Wellenlänge erfolgt. Nachteilig ist, daß die Messung der Gesamtabsorption und der unspezifischen Absorption jeweils nacheinander erfolgt. Bei zeitlich sehr heterogenen Plasmen ist es möglich, daß die spezifische Atomabsorption und die unspezifische Absorption einen unterschiedlichen zeitlichen Verlauf besitzt. Liegt so ein Fall vor, so können Fehler durch die Kompensation entstehen. Wenn die Frequenz des Wechsels hoch gewählt wird, so wird dieser Einfluß zurückgedrängt. Ein typischer Signalverlauf für ein Zweistrahl-AA-Spektrometer ist in Abb. 21 dargestellt.

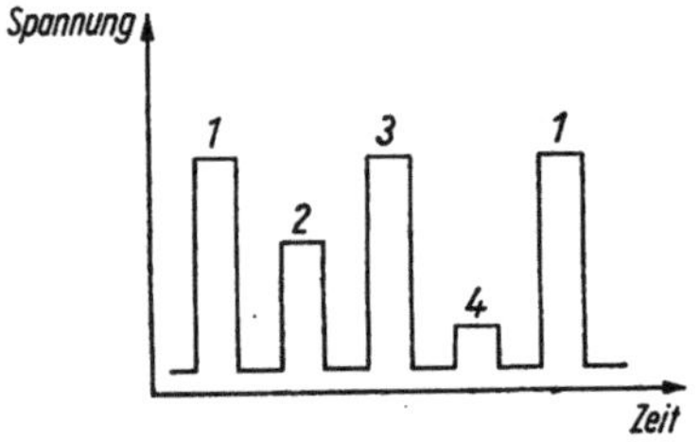

Abb. 21. Signalfolge am Ausgang des Verstärkers eines Zweistrahl-AA-Spektrometers
(*1* – Referenzstrahl der D_2-Lampe (I_0); *2* – Meßstrahl der D_2-Lampe (I_D); *3* – Referenzstrahl der HKL/EDL (I_0); *4* – Meßstrahl der HKL/EDL (I_D)

Ein besonderer Wert muß auch auf die Justierung der Optik gelegt werden, weil die Strahlengänge beider Lichtquellen im Absorptionsraum gleich sein sollen. Als Kontinuumlichtquelle verwendet man wegen ihrer guten Intensität im ultravioletten Gebiet mit Deuterium gefüllte Bogenlampen. Wasserstoffhohlkathodenlampen können ebenfalls benutzt werden. Sie haben allerdings eine viel geringere Intensität. Für das sichtbare Gebiet eignen sich beide Lampen nicht, weil sie eine zu geringe

Intensität besitzen. Bei einigen kommerziellen Geräten der Firma Perkin-Elmer wird deshalb eine intensive Halogenlampe zur Untergrundkompensation im Sichtbaren verwendet.

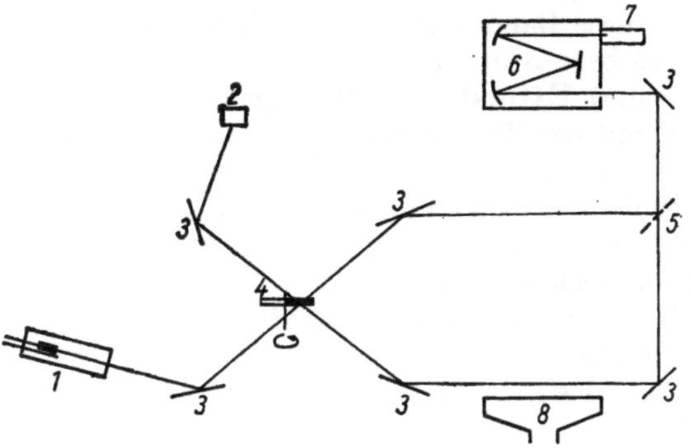

Abb. 22. Strahlengang eines Zweistrahl-Einkanal-AA-Spektrometers mit Untergrundkompensation durch Deuteriumlampe (z. B. 400-Serie, Perkin-Elmer, USA)
(1 – HKL/EDL; 2 – D_2-Lampe; 3 – Spiegel; 4 – mechanischer Chopper; 5 – Strahlungsvereiniger; 6 – Monochromator; 7 – SEV; 8 – Brennerkopf)

Ein typischer Strahlengang ist in Abb. 22 dargestellt. Es kann eingeschätzt werden, daß die Untergrundkompensation mit der Kontinuumlichtquelle bis heute die am häufigsten eingesetzte Technik ist. In den meisten Fällen sind die auftretenden Fehler nicht sehr groß. Es ist jedoch – wie bei der Zweilinienmethode – zu empfehlen, daß eine experimentelle Überprüfung vorgenommen wird. Dies kann z. B. durch Messungen bei veränderten Spaltbreiten erfolgen. Werden dabei veränderte spezifische Atomabsorptionen ermittelt, so ist es möglich, daß der Untergrund über das Gebiet der gewählten spektralen Bandbreite nicht konstant bleibt. Zur näheren Untersuchung sind dann getrennte Messungen der Gesamt- und der unspezifischen Absorption erforderlich.

3.7.5.3. Untergrundkompensation durch Ausnutzung des ZEEMAN-*Effektes*

In der letzten Zeit wurden die Störungen durch Molekülabsorption eingehender untersucht. Dabei wurde festgestellt, daß diese Banden oft sehr strukturiert sind. Das bedeutet, daß bereits in einem sehr engen Wellenlängengebiet (< 1 nm) Extinktionsänderungen auftreten können. Sowohl mit der Zweilinienmethode als auch bei Anwendung der Kontinuumlichtquellen kann man diesen Untergrund nicht richtig kompensieren. Man war deshalb bestrebt, bessere Verfahren für die Untergrundkompensation zu entwickeln. Für solche Zwecke kann der ZEEMAN-Effekt ausgenutzt werden [32—34].

Es gibt verschiedene Möglichkeiten für die apparative Verwirklichung des Prinzips. Eine Variante ist in Abb. 23 dargestellt.

Grundlage dieser Methode ist die aufspaltende Wirkung eines äußeren Magnetfeldes auf die Niveaus freier Atome. Daraus resultieren infolge mehrerer Übergangsmöglichkeiten sowohl in Emission als auch in Absorption Aufspaltungen von Spektrallinien. Im einfachsten Fall entstehen aus einer Spektrallinie 3 dicht nebeneinander liegende Spektrallinien. Man unterscheidet π- und σ-Komponenten. Die Wellenlänge der π-Komponente entspricht der ursprünglichen Wellenlänge λ_0. Die beiden σ-Komponenten sind um den gleichen Betrag der Wellenlänge nach beiden Seiten von λ_0 verschoben. Die Wellenlängenverschiebung $\Delta\lambda$ hängt von der Stärke des äußeren Magnetfeldes ab. Die Intensität der π-Komponente ist gleich der Summe der Intensitäten der beiden σ-Komponenten. Beide Komponenten sind unterschiedlich polarisiert. Die Polarisationsrichtung der π-Komponente liegt parallel, die der σ-Komponenten liegt senkrecht zum Magnetfeld. Mit Hilfe eines Polarisators lassen sich die beiden Komponenten voneinander trennen. Bei entsprechender Meßanordnung erreicht man, daß mit der π-Komponente die Gesamtabsorption und mit den σ-

Komponenten die unspezifische Absorption gemessen wird.

Auf dieser Basis gibt es unterschiedliche Meßmöglichkeiten. Es ist möglich, das Plasma der Lichtquelle oder das Plasma des Atomisators mit einem Magnetfeld zu

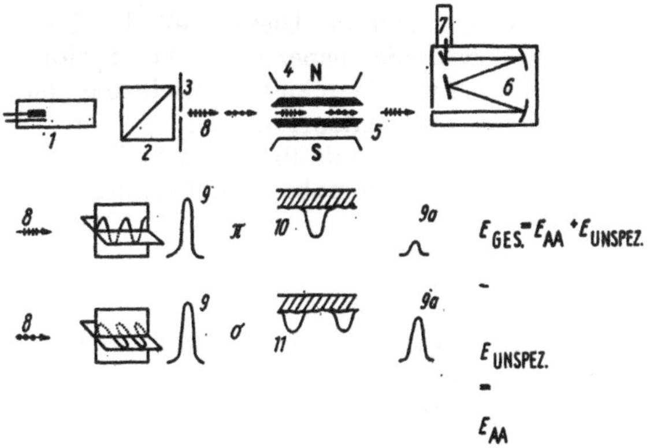

Abb. 23. Schematische Darstellung der Untergrundkompensation mit Hilfe des ZEEMAN-Effektes; Beispiel für eine Meßvariante
(*1* – HKL/EDL; *2* – rotierender Polarisator; *3* – Blende; *4* – Magnet; *5* – GRK; *6* – Monochromator; *7* – SEV; *8* – alternierende Einstrahlung von parallel (π-Komponente) und senkrecht (σ-Komponente) zum Magnetfeld eingestrahltes Licht der Intensität *9*; *9a* – Intensität nach Absorption; *10* – π-Komponente der Absorptionslinie; *11* – σ-Komponente der Absorptionslinie; *E* = Extinktion)

beeinflussen. Man kann rotierende Polarisatoren oder Phasequeezer einsetzen usw. In Abb. 23 ist die Variante der Untergrundkompensation durch Magnetfeldeinfluß im Atomisatorraum unter Benutzung eines rotierenden Polarisators dargestellt. Das Licht der HKL wird durch den rotierenden Polarisator und eine entsprechende optische Einrichtung in 2 polarisierte Strahlen gleicher Intensität, deren Polarisationsebenen senkrecht aufeinander stehen, zerlegt. Diese Strahlen durchsetzen nacheinander den Absorptionsraum. Bei der gezeichneten Magnetfeldanordnung zum Atomisator — einer GRK — werden die Niveaus der Atome aufgespalten. Das bedeutet auch, daß nur noch das Licht spezifisch absorbiert werden kann, dessen Polarisationsrichtung parallel mit dem Magnetfeld verläuft. Dieses Licht stimmt mit der π-Komponente der absorbierenden Atome überein. Dieser Teil des Lichtes wird jedoch auch durch jede unspezifische Absorption beeinflußt. Das gilt auch für die in anderer Richtung polarisierte Komponente. Bei entsprechender Messung der einzelnen Strahlen durch eine dafür geeignete Elektronik kann man die spezifische Atomabsorption ermitteln.

Vorteile dieses Verfahrens:

a) Es wird nur eine Lichtquelle benötigt.
b) Die Strahlengänge beider Strahlen sind identisch.
c) Die Wellenlängenabstände $\Delta\lambda$ der Strahlenkomponenten können sehr klein gewählt werden (bei Beeinflussung der Lichtquelle).
d) Im beschriebenen Fall erfolgt die Messung der unspezifischen Absorption bei genau der gleichen Wellenlänge, wobei die Halbwertsbreiten identisch sind.

Nachteile dieses Verfahrens:

a) Man benötigt zusätzlich ein starkes Magnetfeld.
b) Es ist nicht einfach, dieses homogene Magnetfeld auf die Lichtquelle oder auf einen größeren Atomisator einwirken zu lassen.
c) Es sind zusätzliche optische Bauelemente erforderlich.

Zur Zeit werden lediglich von 3 Firmen entsprechende Geräte angeboten (Hitachi, Japan; Erdmann & Grün, BRD; Perkin-Elmer, USA). Es ist jedoch zu vermuten, daß sich diese Richtung der AAS in der Zukunft weiter entwickeln wird, denn letztlich gelingt nur mit dieser Methode eine einwandfreie Untergrundkompensation.

4. Charakterisierung der analytischen Möglichkeiten und der Probleme der AAS

4.1. Bewertungskriterien

Wenn man analytische Methoden, Verfahren und Vorschriften beurteilen oder mit anderen vergleichen will, so sollte man sich bestimmter Bewertungskriterien bedienen. In der oben genannten Reihenfolge nimmt die Konkretheit der Aufgabenstellung und der damit gewünschten Aussage zu. Das bedingt, daß auch die Bewertungskriterien jeweils exakter angegeben werden. Es gibt jedoch dafür noch keine speziellen Regeln. Zu den zu beurteilenden Kriterien sind zu zählen:

1. Nachweisvermögen, 2. Richtigkeit, 3. Anwendbarkeit, 4. Kosten.

Diese Kriterien werden von einer Reihe Faktoren beeinflußt, die jetzt behandelt werden sollen.

4.2. Nachweisvermögen der AAS

Das Nachweisvermögen wird bestimmt durch die Empfindlichkeit und Reproduzierbarkeit.

4.2.1. Empfindlichkeit der AAS

Die Empfindlichkeit eines analytischen Verfahrens oder einer Vorschrift ist definiert als der Anstieg der Eichkurve. Die zugehörige Eichfunktion $x = f(y)$ kann entweder graphisch oder durch Regressionsrechnung ermittelt werden. Es können sich zwei Kurventypen ergeben

$$x = b \cdot y \quad \text{oder} \quad x = b \cdot y + x_{Bl} \tag{42}$$

(x: Meßwerte; y: Konzentrationswerte; b: Empfindlichkeit; x_{Bl}: Blindwert).

Die Empfindlichkeit wird bei der AAS durch folgende Größen und Parameter bestimmt und beeinflußt:

a) EINSTEINsche Übergangswahrscheinlichkeit bzw. Oszillatorstärke für den Übergang.
b) Meßtechnische und optische Parameter.
c) Atomkonzentration im Plasma relativ zur ursprünglich vorhandenen Stoffmenge.

Da die Oszillatorstärke eines Übergangs konstant ist, ist durch diesen Parameter keine aktive Beeinflussung der Empfindlichkeit möglich. Indirekt nutzt man dies nur durch Wahl der empfindlichsten Linie aus.

Hinsichtlich der meßtechnischen und optischen Parameter gibt es eine Reihe von Möglichkeiten für die Verbesserung der Empfindlichkeit:

1. Lichtquelle:

Eine geringe Stromstärke liefert schmale Linien und durch die Reduzierung der DOPPLER-Verbreiterung ergibt sich eine höhere Empfindlichkeit (vgl. 3.2.). Die niedrigste Stromstärke wird durch die minimal mögliche Intensität bestimmt, die noch ein gutes Signal-Rausch-Verhältnis ergibt. Durch eine optimale Optik kann man einen positiven Einfluß ausüben.

2. Absorptionsweg:

Die Empfindlichkeit ist der Länge des Absorptionsweges direkt proportional. Schlitzbrenner und möglichst lange Quarzrohr- und Graphitrohrküvetten sind vorteilhaft (ggf. ist der Absorptionsweg durch Mehrfachdurchgang zu verlängern, vgl. auch 8.1.).

3. Lichtmonochromatisierung:

Gute Monochromatoren mit RLD von etwa 1 nm/mm erlauben einmal die vollständige Ausblendung des nicht absorbierbaren Fremdlichtes und zum anderen sind sie wegen der möglichen großen Spaltbreite lichtstark. Dadurch kann wiederum die Stromstärke der Lichtquelle gesenkt werden. Weiterhin soll das Streulicht des Monochromators sehr niedrig sein.

Die im Plasma relativ zur vorhandenen Probemenge erzeugte Atomkonzentration ist einer der wichtigsten Parameter für die Empfindlichkeit der AAS. Dieser Parameter wird durch die Effektivität der Probezuführung, der Verdampfung und der Dissoziation beeinflußt. Günstige Meßmöglichkeiten ergeben sich, wenn eine möglichst hohe Atomkonzentration über einen möglichst langen Zeitraum erhalten bleibt. Hinsichtlich dieses Parameters unterscheiden sich die beiden am häufigsten angewandten Techniken der AAS entscheidend. Folgendes Gedankenexperiment soll diesen Unterschied verdeutlichen: Bei der Flammen-AAS wird eine Probelösung mit einem Wirkungsgrad von 10% als Aerosol in die Flamme überführt. Bei einer Zerstäubungsgeschwindigkeit von 4 m*l*/min erreichen die Flammen pro Minute 0,4 m*l*. Da die Flamme ein strömendes, dynamisches System mit Strömmungsgeschwindigkeiten von 5—10 m/s ist, wird dieser Anteil entsprechend verteilt. Das Licht der HKL bzw. EDL durchstrahlt jedoch nur eine Flammenhöhe von 5—10 mm. Die „Flammenlänge pro Minute" ist mindestens 300 m, das bedeutet, daß sich maximal 0,4 m*l*/30000 cm = 0,000013 m*l* der ursprünglichen Probelösung gleichzeitig im Strahlengang befinden. Bei Einsatz der elektrothermischen Atomisierung sind Probedosierungen von 10 bis 100 μl typisch. Man ist durch die Gestaltung des Verdampfungsprozesses bemüht, möglichst alle der in diesem Volumen enthaltenen Atome gleichzeitig in den Strahlengang zu bringen. Das gelingt mit einer Effektivität von etwa 50% (unter optimalen Bedingungen).

Dem Verhältnis von 0,013 μ*l* für die Flammen-AAS zu den 0,5 · (10 bis 100) μ*l* für die AAS mit elektrothermischer Atomisierung entsprechen die Empfindlichkeitsunterschiede der beiden Techniken, d. h. bei Anwendung der GRK ist man um 2—3 Größenordnungen empfindlicher.

In beiden Fällen gibt es eine Reihe von Parametern wie Flammengaszusammensetzung, Plasmatemperatur, Aufheizungsgeschwindigkeit des Graphitrohres usw., die sich auf die Empfindlichkeit auswirken und jeweils optimiert werden müssen (vgl. Kap. 3.).

4.2.2. *Reproduzierbarkeit in der AAS*

Die Reproduzierbarkeit eines analytischen Verfahrens wird durch den Zufallsfehler bestimmt. Ein Maß für den Zufallsfehler ist die Standardabweichung. Die Standardabweichung des Verfahrens wird berechnet nach

$$s_x = \pm \sqrt{\frac{\sum_1^m \sum_1^n (x_{ij} - \bar{x}_j)^2}{n - m}} \tag{43}$$

(x_{ij}: Einzelmeßwerte für die einzelnen vorgegebenen Konzentrationsstufen j; $\bar{x}_j$: Mittelwerte der Meßwerte einer jeweiligen Konzentrationsstufe; n: Gesamtzahl der Meßwerte; m: Gesamtzahl der Konzentrationsstufen; $n - m$: Zahl der Freiheitsgrade).

Bei Vorliegen einer Normalverteilung ist s_x ein absoluter Fehler, der über die gesamte Eichkurve konstant ist. Durch Division von s_x durch b ergibt sich die Standardabweichung im gewählten Konzentrationsmaß s_y. Indem man s_y durch die Konzentrationswerte y dividiert erhält man pro Konzentrationsstufe eine relative Standardabweichung. Dieser relative Fehler nimmt bei kleineren Konzentrationen zu.

Die Reproduzierbarkeit des Verfahrens hängt von einer Vielzahl von Parametern ab: Chemische Vorbereitung, Stabilität der Meßtechnik und Plasmaerzeugung.

Die chemische Vorbereitung der Probe einschließlich der Probenahme sollen hier nicht behandelt werden.

Die Stabilität der Meßtechnik ist ein entscheidender Faktor. Sie wird im wesentlichen von der Lichtquelle, deren Anregungselektronik und dem Verstärkungssystem bestimmt. Auch die Güte des Monochromators — besonders seine Lichtstärke und die mechanische Stabilität — beeinflussen diesen Parameter. Auch eine stabile Modulation ist wichtig. Zu berücksichtigen ist weiterhin, daß das Signal oft als Differenz aus der Gesamtextinktion und der unspezifischen Extinktion ermittelt wird. Dadurch gehen die beschriebenen Parameter mehrfach in den Endwert ein. Trotz dieser großen Zahl von Einflußfaktoren ist es möglich, daß mit modernen AA-Spektrometern Extinktionsdifferenzen von 0,001 bis 0,0001 Extinktionseinheiten gemessen werden können.

Wesentlich größere Probleme bereitet die Reproduzierbarkeit der Plasmaerzeugung. In dieser Hinsicht unterscheiden sich die beiden am häufigsten verwendeten Atomisierungstechniken. Die thermische Homogenität von Flammenplasmen bewirkt eine gute Reproduzierbarkeit. Auch die Zerstäubungsbedingungen sind reproduzierbar einstellbar. Das heterogene Plasma der GRK und auch der Dosierungsprozeß sind mit wesentlich größeren Zufallsfehlern behaftet.

Man kann einschätzen, daß bei der Flammen-AAS in mittleren Eichkurvenbereichen relative Standardabweichungen von 0,001 bis 0,03 möglich sind. Entsprechende Werte bei Einsatz der elektrothermischen Atomisierung liegen bei 0,01 bis 0,1 (evtl. 0,2).

4.2.3. Nachweisgrenze in der AAS

Die Nachweisgrenze eines Verfahrens kann auf der Basis einer exakt ausgearbeiteten Vorschrift nach

$$x_{NWG} = x_{Bl} + 3s_{x,Bl} \qquad (44)$$

berechnet werden. Die Standardabweichung des Blindwertes $s_{x,Bl}$ wird berechnet nach

$$s_{x,Bl} = \pm \sqrt{\frac{\sum_{1}^{n} (x_{i,Bl} - \bar{x}_{Bl})^2}{n-1}} \qquad (45)$$

Der Konzentrationswert der Nachweisgrenze kann durch Einsetzen in die Eichfunktion (42) berechnet werden. Wenn kein Blindwert gemessen wird, so sollte man die Standardabweichung eines für das Verfahren sehr kleinen Konzentrationswertes durch entsprechende Messungen ermitteln. Man kann annehmen, daß der Blindwert eine ähnliche Standardabweichung hat. Somit ist der dreifache Wert dieser Standardabweichung in die Eichfunktion (42) einzusetzen. Schätzt man unter Berücksichtigung der Abschnitte 4.2.1. und 4.2.2. die Möglichkeiten der AAS ein, so ergeben sich für die Mehrzahl der Elemente folgende Nachweisgrenzen:

Flammen-AAS: µg bis ng/m*l*.
AAS mit elektrothermischer Atomisierung: ng bis pg/m*l*.

4.2.4. Reziproke Empfindlichkeit in der AAS

Die Angabe der reziproken Empfindlichkeit, die bei der AAS üblich ist (engl.: sensitivity), hat oft Verwirrung hervorgerufen. Entsprechend der Definition (1/b) erfolgt die Angabe in Konzentrationswerten oder Absolutmengen. Das führte oft zum Verwechseln mit der Nachweisgrenze. Als Bezugsgröße für die reziproke Empfindlichkeit wird im allgemeinen 1% Absorption (0,0044 Extinktion) verwendet. Da man bei der Flammen-AAS meistens kleinere Extinktionen gut messen kann, ergibt sich entsprechend 4.2.3. eine Nachweisgrenze mit kleinerem Konzentrationswert. Bei der elektrothermischen Atomisierung ist oft die Messung solch kleiner Extinktionen wegen der Plasmaheterogenitäten nicht möglich. Deshalb sind die nach 4.2.3. berechneten Nachweisgrenzen oft schlechter als die auf 1% Absorption bezogenen reziproken Empfindlichkeiten. Zum Methoden- und Verfahrensvergleich geeignet wären Angaben, die auf 0,01 Extinktion bezogen würden.

4.3. *Richtigkeit in der AAS*

Die Richtigkeit von Analysenergebnissen wird von 2 Gruppen von Einflußfaktoren bestimmt: Apparative Größen und Matrixeffekte. Dabei sollte der Begriff Matrix nicht nur auf die Probe, sondern auch auf die Plasmaumgebung (Graphitrohr, Flammengase usw.) bezogen werden. Diese Faktoren können sich wiederum auf jede Teilgröße der Messung ($I_{0,\mathrm{HKL}}$; $I_{D,\mathrm{HKL}}$; $I_{0,\mathrm{D2}}$; $I_{D,\mathrm{D2}}$) auswirken.

4.3.1. *Apparative Selektivität*

Die apparative Selektivität wird durch das apparative Auflösungsvermögen bestimmt. Dieses ist auf die Art und Form der Signale zu beziehen. Die Spektren der AAS sind wegen der durch die Plasmatemperatur bestimmter Fixierung des Grundzustandes als Ausgangszustand sehr linienarm. Bei Einsatz von Spektrometern mit RLD von 0,5 bis 2 nm/mm treten praktisch keine Linienkoinzidenzen auf. Durch die Anwendung spektraler Lichtquellen wird diese Selektivität noch erhöht. Damit und auch unter Berücksichtigung der im Abschnitt 3.7. behandelten apparativen Möglichkeiten für die Ausschaltung unspezifischer Emissionen und Absorptionen kann eingeschätzt werden, daß die apparative Selektivität bei der AAS ausgezeichnet ist.

4.3.2. *Einfluß der Matrix auf die Richtigkeit der AAS*

4.3.2.1. *Allgemeine Betrachtung*

Der Begriff Matrix soll im folgenden in der beschriebenen erweiterten Bedeutung benutzt werden. Man kann einschätzen, daß alle Prozesse, die die Probe bis zur Signalerzeugung bzw. -messung durchläuft, von der Matrix beeinflußt werden können. Dies beginnt bereits bei der Probenahme, denn durch nichtbeachtete Heterogenität des Materials können falsche Analysenergebnisse erhalten werden. Auch die chemische Vorbereitung kann zu systematischen Fehlern führen. Beide Faktoren sollen hier nicht näher behandelt werden.

Eine weitere Quelle für falsche Ergebnisse ist die Probezuführung, die Dosierung. Verwendet man Zerstäuber, so kann die Matrix durch Beeinflussung der Viskosität und Oberflächenspannung der Lösung die Zerstäubungsgeschwindigkeit und -effektivität beeinflussen. Auch bei der Dosierung durch Mikropipetten sind diese Effekte von Einfluß. Liegen veränderte Lösungen vor, muß die Probezuführung jeweils überprüft werden.

In Tab. 4 sind die Vorgänge, die durch die Matrix beeinflußt werden können, zusammengestellt worden. Oftmals werden die Einflüsse auf Verdampfung und Dissoziation als chemische und die auf Anregung und Ionisation als physikalische Matrixeinflüsse bezeichnet. Unterschiede ergeben sich durch die Atomisierungstechnik.

Tabelle 4
Matrixeffekte bei der AAS-Übersicht

von der Matrix beeinflußter Vorgang	Effekte	
	Auswirkung auf das Signal	Auswirkung auf den Untergrund
Verdampfung/ Kondensation	Beeinflussung der Atomkonzentration der Spur	Streulicht
Dissoziation/ Molekülbildung	Beeinflussung der Atomkonzentration der Spur	Molekülabsorption
Anregung	kein Einfluß	unspezifische Untergrundemission
Ionisation	Beeinflussung der Atomkonzentration der Spur über den Elektronendruck	Kontinua in Emission und Absorption

4.3.2.2. Einfluß der Matrix auf die Verdampfung

4.3.2.2.1. Flammen-AAS

Die Vorgänge, die bei der Verdampfung in Flammen ablaufen, sind in den Abschnitten 3.3.2.4.1. und 3.3.2.4.2. ausführlich behandelt worden. Wesentliche Gesichtspunkte waren: In der Flamme existiert ein größeres Volumen, welches sich nahezu im thermischen Gleichgewicht befindet. Die Flamme ist ein dynamisches System. Die Probe wird durch die Meßzone transportiert. Folgende Matrixeinflüsse sind möglich:

a) Die Beeinflussung des Signals ergibt sich durch veränderte Atomkonzentrationen im Plasma. Es können sich zwischen Analyt und Matrix schwer oder auch leicht verdampfbare Verbindungen bilden. Zur ersten Gruppe zählen Doppeloxide, Phosphate, Carbide, zur letzteren die Halogenide. Organische Matrices beeinflussen neben der Carbidbildung auch noch die Plasmatemperatur.
b) Die Beeinflussung des Untergrundes ist durch unvollständig verdampfte Teilchen, welche Streulicht hervorrufen, möglich, d. h. von Bedeutung sind schwer verdampfbare Substanzen.

Zu bemerken ist noch, daß wegen der thermischen Homogenität des Plasmas im Beobachtungsraum keine Folgekondensationen auftreten.

Für die Beseitigung der Matrixeffekte gibt es folgende Möglichkeiten:

a) Zusatz von Stoffen, welche die störende Matrix binden, z. B. Lanthanchlorid-Zusatz zur Bindung von Phosphat als $LaPO_4$, Halogenidzusatz zur Erhöhung der Verdampfbarkeit.
b) Veränderung des Mediums durch Zusatz organischer Stoffe oder durch Veränderung des Flammentyps bzw. der -parameter. Damit ergeben sich Temperaturänderungen im lokalen und makroskopischen Bereich, z. B. kann eine Bestimmung von Elementen, die normalerweise

in der C_2H_2-Luft-Flamme bestimmt werden, bei Gegenwart von schwer verdampfbaren Matrices in der C_2H_2—N_2O-Flamme besser sein.
c) Bei Einsatz konzentrierter Lösungen muß der Untergrund apparativ beseitigt werden. Im Falle verdünnter Lösungen kann oft darauf verzichtet werden.

4.3.2.2.2. Elektrothermische Atomisierung

Die Vorgänge die bei Anwendung dieser Technik ablaufen, sind im Abschnitt 3.3.3.4. ausführlich beschrieben. Es ist zu berücksichtigen, daß das impulsartig erzeugte Plasma thermisch sehr heterogen ist und daß infolge des negativen Temperaturgradienten zwischen Atomisatoroberfläche und Plasma auch der Umkehrvorgang der Verdampfung — die Kondensation — möglich ist. Es existieren folgende Matrixeffekte:

a) Die Beeinflussung des Signals erfolgt durch Veränderung der Atomkonzentration im Plasma. Während der 1. und 2. thermischen Phase können sich leicht und schwer verdampfbare Substanzen bilden. Das Atomisatormaterial — besonders Graphit — übt einen starken Einfluß z. B. durch Carbidbildung aus. Organische Substanzen tragen ebenfalls zur Carbidbildung bei.
b) Feste oder flüssige Teilchen, die Streulicht hervorrufen, können sich durch Kondensation in den kälteren Zonen des Graphitrohres — besonders an den Rohrenden — bilden. Organische Substanzen, die nicht verdampft werden können, erleiden unter den inerten Bedingungen Brenzreaktionen. Während der Atomisierungsphase können solche Rückstände als Partikel in das Plasma gelangen.

Zur Beseitigung bzw. Minderung der Störungen kann man folgende Wege beschreiten:

a) Die Optimierung thermischer Matrix-Spur- (2. und 3. Phase) und Spur-Matrix-Trennungen (3. Phase) ist das

wichtigste Hilfsmittel bei der Beseitigung von Matrixeffekten.
b) Durch Zusatz anderer Stoffe kann man diese thermischen Trennmöglichkeiten günstig beeinflussen (vgl. 3.3.3.4.3.).
c) Durch kurzzeitige Sauerstoffzugabe während der 1. und 2. Phase können nicht verdampfbare organische Substanzen verbrannt werden. Auch andere Gaszusätze wie Wasserstoff (bessere Verdampfung durch zusätzliche Reduktion) oder Methan (bessere Verdampfung durch Oberflächenbeschichtung) können Matrixeffekte reduzieren (vgl. 3.3.3.4.2.).
d) Die apparative Untergrundkompensation ist unbedingt erforderlich (vgl. 3.7.5.).

4.3.2.3. Einfluß der Matrix auf die Dissoziation

4.3.2.3.1. Flammen-AAS

Die Dissoziation erfolgt in Flammenplasmen parallel zur Verdampfung. Die Matrix kann sowohl das Signal als auch den Untergrund beeinflussen.

a) Die Signalbeeinflussung erfolgt durch Veränderung der Atomkonzentration. Zwischen der zu bestimmenden Spur und Komponenten der Matrix oder der Flamme können sich stabile Moleküle wie MCl, MO, MN und MC bilden. Besonders problematisch ist, daß die gesamte Matrix im Plasma anwesend ist.
b) Da auch zwischen den einzelnen Komponenten der Matrix und der Flamme Molekülbildung möglich ist, kann es durch unspezifische Molekülemissionen und -absorptionen zu einer entsprechenden Erhöhung des Untergrundes kommen. Eine Überprüfung dieser Effekte ist auf jeden Fall erforderlich.

Wegen der thermischen Homogenität des Flammenplasmas sind keine Störungen durch Molekülbildung infolge Abkühlung zu erwarten. Eine Beseitigung oder Reduzierung der Störungen ist auf folgenden Wegen möglich:

a) Durch die Veränderung der Flammengaszusammensetzung kann man die Plasmatemperatur und auch die reduzierenden Eigenschaften verändern. In einer reduzierenden Flamme werden Radikale wie AlO, ZrO usw. zerstört.

b) Die apparative Untergrundkompensation ist in bestimmten Fällen erforderlich.

c) Wegen der geringen Variationsmöglichkeiten sollten auch chemische Spur-Matrix-Trennungen in die Überlegungen einbezogen werden.

4.3.2.3.2. Elektrothermische Atomisierung

Der in den Graphitrohrküvetten bei elektrothermischer Atomisierung ablaufende Prozeß ist sehr heterogen. Er wurde im Abschnitt 3.3.3.4. ausführlich beschrieben. Es existieren viele Möglichkeiten für die Einflußnahme der Matrix:

a) Die Beeinflussung des Signals erfolgt durch Verschiebung der Dissoziationsgleichgewichte. Einmal können Spur und Matrix in der 1. und 2. Phase Verbindungen bilden, die undissoziiert verdampfen und zum anderen ist es möglich, daß die Substanz zwar atomar verdampft aber infolge der Temperaturabnahme im Plasma die Molekülbildung erfolgt. Besonderen Einfluß haben Halogenide, das Cyanradikal und in bestimmten Fällen auch Sauerstoff und Stickstoff. In vielen Fällen tritt die Molekülbildung nur dann in Erscheinung, wenn die zweite Komponente in einem hohen Überschuß zugegen ist. Zn-Atome bilden z. B. mit Cl-Atomen ZnCl-Moleküle. Diese haben nur eine geringe Stabilität. Setzt sich die Probelösung lediglich aus einem verdünnten Zn-Salz und Salzsäure zusammen, so liegen in der 3. Phase neben den verdampfenden Zn-Atomen kaum noch Cl-Atome vor. Es bilden sich keine

ZnCl-Moleküle. Wenn in der Lösung jedoch noch ein anderes Chlorid gelöst ist, so kann die Cl-Konzentration im Plasma der 3. Phase sehr stark anwachsen. Die Folge davon ist ZnCl-Molekülbildung und eine Depression der Zn-AA (vgl. auch [36]).
b) Auch der Untergrund ist durch Dissoziationseffekte beeinflußbar. Allerdings trägt das Plasmagas selbst (Argon ist optisch sehr transparent) kaum zum Untergrund bei. Die eigentlichen Matrixbestandteile können die unterschiedlichsten Moleküle bilden. Am Beispiel von Indium und Galliumsalzen in unterschiedlichen Medien ist die Molekülbildung (GaO, GaCl, InO, InCl) dieser Matrices in Abb. 24 dargestellt (vgl. auch [37]).

Aus Abb. 24 geht hervor, daß sehr starke Molekülabsorptionen und in Abhängigkeit vom Medium auch sehr unterschiedliche Molekülabsorptionen auftreten können. Die Überlagerung mit einer Reihe von Resonanzlinien ist möglich. Da die Banden sehr steile Flanken besitzen, kann es auch Probleme bei der Untergrundkompensation geben (vgl. 3.7.5.).

Folgende Möglichkeiten gibt es für die Beseitigung oder die Reduzierung dieser Störungen:

a) Die beste Variante ist, durch Verdampfung die Spur und Matrix zu trennen. Dies geschieht vorwiegend auf thermischem Wege durch entsprechende Programmierung. Außerdem sollte die thermische Hydrolyse, d. h. die Abspaltung von Anionen ausgenutzt werden.
b) Durch Zusatz anderer Stoffe kann man ebenfalls die Molekülbildung zurückdrängen. Im beschriebenen Fall würde man durch Zugabe von HNO_{3c} (evtl. nach der Probe) in die GRK eine bevorzugte Verdampfung von HCl in der 1. und 2. Phase erreichen. Auch Gaszusätze wie z. B. Wasserstoff bei Metallatomisatoren können die Molekülkonzentration vermindern.
c) Die apparative Untergrundkompensation ist unbedingt erforderlich. Sie ist auf ihre Wirksamkeit und Richtigkeit zu überprüfen (vgl. 3.7.5.).

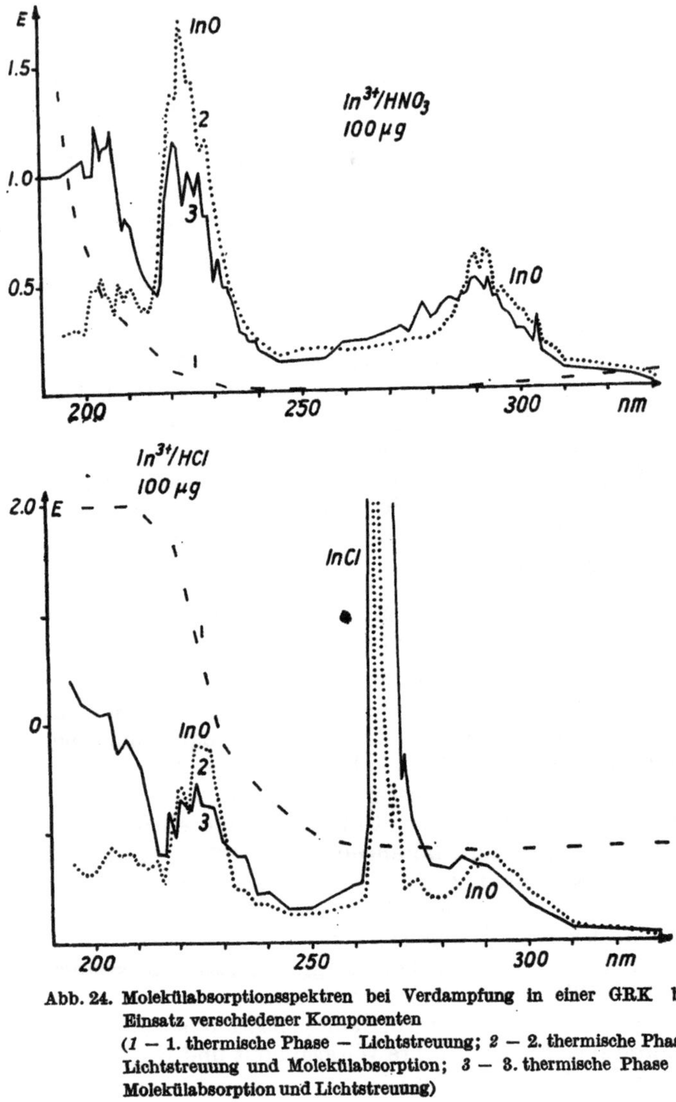

Abb. 24. Molekülabsorptionsspektren bei Verdampfung in einer GRK bei Einsatz verschiedener Komponenten
(*1* – 1. thermische Phase – Lichtstreuung; *2* – 2. thermische Phase-Lichtstreuung und Molekülabsorption; *3* – 3. thermische Phase – Molekülabsorption und Lichtstreuung)

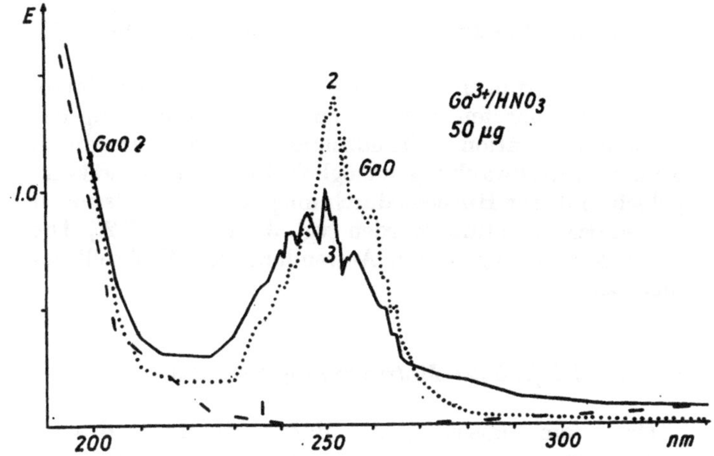
E
Ga³⁺/HNO₃
50 µg
GaO 2
GaO
2
3
1.0
200
250
300
nm

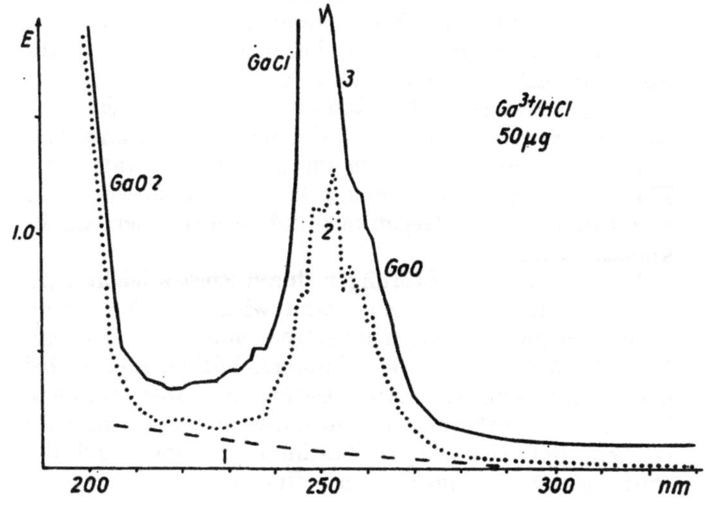
E
GaCl
3
Ga³⁺/HCl
50µg
GaO 2
1.0
2
GaO
200
250
300
nm

4.3.2.4. *Einfluß der Matrix auf Anregungsprozesse*

Signaländerungen dieser Art können durch die Matrix nicht hervorgerufen werden, denn eine Veränderung der Atomkonzentration (Grundzustand) wäre nur durch Temperaturschwankungen möglich. Der Untergrund kann jedoch in dieser Hinsicht durch unspezifische Emissionen der Matrix beeinflußt werden (vgl. 3.7.1. und 3.7.2.). Die Beseitigung erfolgt durch Anwendung der Wechsellicht-methode.

4.3.2.5. *Einfluß der Matrix auf die Ionisation*

Durch die Ionisierung der Matrix, die durch das jeweilige Ionisierungspotential bestimmt wird, ergibt sich im Plasma — natürlich auch in Abhängigkeit von der Plasmatemperatur — ein unterschiedlicher Elektronendruck. Besonders die leicht ionisierbaren Matrices mit Ionisierungspotentialen bis zu 6 eV können bei den verhältnismäßig niedrigen Plasmatemperaturen der AAS zur Elektronendruckveränderung beitragen. Wenn auch die Spur ein leicht zu ionisierendes Element ist, wird durch derartige Matrices das Ionisationsgleichgewicht von solchen Spuren in Richtung der neutralen Atome verschoben. Damit erhöht sich die Atomkonzentration im Plasma. Solche Fälle treten z. B. bei der Bestimmung von Erdalkalien in Gegenwart unterschiedlicher Alkalikonzentrationen auf.

Man kann solche Störungen durch Zusatz leicht ionisierbarer Stoffe beseitigen, damit wird der Elektronendruck konstant gehalten (spektrochemische Pufferung). Diese Pufferung ist bei der Flammen-AAS leichter als bei der elektrothermischen Atomisierung zu realisieren, denn bei der elektrothermischen Atomisierung muß man erreichen, daß sich die zu bestimmende Spur und der Puffer gleichzeitig im Plasma befinden.

4.4. Anwendbarkeit der AAS

Allgemeine Angaben über die Anwendbarkeit der AAS sind schwierig, da es sehr viele Faktoren gibt, die Bestandteil dieses Kriteriums sind. In den meisten Fällen muß man für eine richtige Beurteilung auch die konkrete Aufgabenstellung kennen. Einige Gesichtspunkte sollen trotzdem genannt werden:

a) Durch AAS-Verfahren kann man etwa 70 Elemente des Periodischen Systems bestimmen. Sehr problematisch ist die Bestimmung der Nichtmetalle. Im Abschnitt 6.4. werden einige spezielle Möglichkeiten beschrieben.
b) Die AAS ist eine typische Einzelelementbestimmungsmethode. Obwohl durch Einsatz von Mehrkanalspektrometern versucht wurde, diesen Nachteil zu reduzieren, kann man in dieser Hinsicht keine entscheidenden Verbesserungen erzielen.
c) Die AAS ist eine Methode zur Bestimmung von Spuren, extremen Spuren und Nebenbestandteilen. Sie ist nur bedingt für die Bestimmung von Hauptbestandteilen geeignet.
d) Der mit einer Linie auswertbare Konzentrationsbereich liegt bei etwa 1 Größenordnung. Wenn sehr kleine Extinktionen gemessen werden können, erreicht dieser auswertbare Bereich auch 2 bis 3 Größenordnungen.
e) Es können mit der AAS sowohl Mikro- als auch Makroprobemengen analysiert werden. Für Mikroproben ist die elektrothermische Atomisierung in GRK günstiger. Bei Einsatz der Injektionstechnik kann man Mikroproben auch in Flammen analysieren.
f) Im wesentlichen können mit der AAS nur Lösungen analysiert werden. In speziellen Fällen ist auch die direkte Feststoffanalyse und Gasanalyse möglich.
g) Die AAS ist eine Relativmethode. Die Auswertung erfolgt entweder nach dem Eichkurven- oder nach dem Additionsverfahren. Das Eichkurvenverfahren liefert bei entsprechender Ausarbeitung genauere und richtigere

Ergebnisse. Die Additionsverfahren sind schneller. Sie enthalten jedoch oft unerkannte systematische Fehler, die die Richtigkeit beeinflussen (vgl. 4.3.).

4.5. Kosten der AAS

In modernen Laboratorien ist es außerordentlich wichtig, daß ausgehend von der Problemstellung und den gewünschten Resultaten auch Betrachtungen zum Kostenaufwand angestellt werden. Es sollten folgende Gesichtspunkte berücksichtigt werden: Anschaffungspreis der Geräte; Kosten des Verbrauchsmaterials; Dauer der Analysen; Automatisierungsgrad; Qualifikation der Arbeitskräfte usw. Die nur zum Teil quantifizierbaren Angaben lassen sich nicht direkt zusammenfassen. Es können nur Trends angedeutet werden. Der Anschaffungspreis liegt zwischen 30000,— und 300000,— M. Die Kosten des Verbrauchsmaterials liegen besonders bei der elektrothermischen Atomisierung hoch, denn ein Graphitrohr kostet etwa 40,— M. Die Analysenzeit ist niedrig: Flammen-AAS etwa 30 s; elektrothermische Atomisierung etwa 3 min. Der Automatisierungsgrad der Geräte ist sehr unterschiedlich, er nimmt jedoch ständig zu. Die Verfahren sind trotz aller behandelten Probleme nicht sehr störanfällig, so daß die Bedienung und auch die Auswertung der Ergebnisse in vielen Fällen durch qualifizierte technische Kräfte vorgenommen werden kann. Die Verfahrensentwicklung, Resultatsbeurteilung und -bewertung sollten erfahrene wissenschaftliche Mitarbeiter vornehmen.

5. Elementbestimmungen

An dieser Stelle sollen die Möglichkeiten für die Bestimmung einzelner Elemente behandelt werden. In kurzer Form werden für jedes Element die Vorteile und die Probleme der einzelnen Atomisierungstechniken und der benötigten spezifischen Lichtquellen behandelt. Eine ausführliche Darstellung der Matrixprobleme ist, da diese bei jedem Element und bei jeder Matrix anders sind, im Rahmen dieses Buches nicht möglich. Es wird jedoch versucht, bestimmte Hauptprobleme zu charakterisieren. Für eingehende Betrachtungen muß auf die Originalliteratur verwiesen werden.

Die analytische Charakterisierung erfolgt durch Angabe der reziproken Empfindlichkeiten der empfindlichsten Linien bezogen auf 1% Absorption in Tab. 5. Es werden dabei die jeweils gebräuchlichsten Atomisierungstechniken berücksichtigt. Es ist bei der Bewertung der angegebenen Zahlen zu berücksichtigen, daß die Werte keine absoluten Größen, sondern nur Orientierungsgrößen sind. Eine Angabe von absoluten Größen ist wegen des Einflusses der apparativen Parameter, die bei jedem Gerät anders sind, nicht möglich. Die Orientierungsgrößen sollen jedoch dem Leser einen Überblick über die analytischen Möglichkeiten vermitteln. In Tab. 5 werden auch Angaben über die Untergrundkompensation nach der Zweilinienmethode gemacht.

In Tab. 6 wird eine Übersicht über die für die AAS verwendbaren Atomlinien eines jeden Elementes gegeben. Soweit dies möglich war, werden die Termbezeichnungen und Energiewerte für die Übergänge, die relativen Intensitäten bei der HKL-Emission und die relativen Empfindlichkeiten für die Absorption angegeben. Aus den Energieangaben ist z. B. ersichtlich, ob die entsprechende Spektrallinie eine echte Resonanzlinie ist oder ob der untere Zustand bereits schwach angeregt ist. Letztere sind oft bei höheren Plasmatemperaturen günstiger, da sie dann stärker besetzt sind. Aus den relativen Empfindlichkeiten (Tab. 6) und den analytischen Angaben für die empfindlichste Linie (Tab. 5) lassen sich entsprechende Werte für die anderen Linien ermitteln. In der Tab. 6 werden auch die Ionisierungspotentiale und Siedepunkte der Elemente angegeben.

Tabelle 5

Charakterisierung der Möglichkeiten für analytische Bestimmungen durch die AAS

Element	Empfindlichste Linie	Untergrundkompensation nach Zweilinienmethode		Orientierungswerte zum Nachweisvermögen als reziproke Empfindlichkeiten pro 1% A				
				Flammen-AAS		Graphitrohrküvette	Metallschiff	Hydridtechnik
				C_2H_2-Luft	$C_2H_2-N_2O$			
	nm	nm	Lichtquelle	µg/ml	µg/ml	pg	pg	ng
Aluminium Al	309,3	307,3	Hf-HKL	–	1	200	–	–
Antimon Sb	217,6	219,1	Sb-EDL	0,5	–	10	–	0,05
Arsen As	193,7	199,0	As-EDL	1,0	–	50	–	1
Barium Ba	553,6	551,4	Ba-HKL	–	0,8	50	–	–
Beryllium Be	234,9	235,4	Co-HKL	–	0,02	1,2	–	–
Blei Pb	217,0	220,35	Pb-HKL	0,25	–	4	–	–
	283,3	282,3	Pb-HKL	0,5	–	10	–	–
Bor B	249,77 249,68	247,6	Pd-HKL	–	40	1000	–	–
Cadmium Cd	228,8	231,1	Sb-HKL	0,01	–	0,2	0,4	–
Cäsium Cs	852,1	–	–	0,5	–	–	–	–
				0,01*)	–	100,0*)	–	–
Calcium Ca	422,7	420,5	Eu-HKL	0,07	0,03	1	10	–
Chrom Cr	357,9	352,0	Cr-HKL	0,1	0,5	10	30	–
Dysprosium Dy	421,2	420,3	Dy-HKL	–	0,7	–	100	–
Eisen Fe	248,3	247,3	Fe-HKL	0,2	–	20	–	–
Europium Eu	459,4	460,1	Cr-HKL	–	0,6	–	8	–
Gadolinium Gd	368,4	–	–	–	20	–	–	–

Gallium Ga	294,4	292,2	Pd-HKL	—	0,8	20	—	—
Germanium Ge	265,16/265,12	267,6	Au-HKL	—	2	80	—	100
Gold Au	242,8	242,1	Sn-HKL	0,25	—	10	—	—
Hafnium Hf	286,6	—	—	—	20	100000**)	—	—
Holmium Ho	410,4	412,8	Ho-HKL	—	0,7	—	100	—
Indium In	303,9	304,4	Co-HKL	0,5	—	20	—	—
Iridium Ir	(208,9)							
	264,0	265,1	Ge-HKL	10	—	1000	—	—
Kalium K	766,5	—	—	0,01	—	< 1	—	—
				0,005*)	—	10*)	—	—
Kobalt Co	240,7	238,9	Co-HKL	0,2	—	10	—	—
Kupfer Cu	324,8	324,2	Pd-HKL	0,1	—	2	—	—
Lanthan La	550,1	553,6	Ba-HKL	—	50	1000**)	—	—
Lithium Li	670,8	—	—	0,05	—	10	—	—
				0,01*)	—	5*)		
Lutetium Lu	336,0	338,3	Lu-HKL	—	7,5	10000**)	—	—
Magnesium Mg	285,2	280,2	Mg-HKL	0,01	—	0,4	—	—
Mangan Mn	279,5	282,3	Pb-HKL	0,05	—	1	—	—
Molybdän Mo	313,3	316,2	Mo-HKL	—	0,5	10	—	—
Natrium Na	589,0	—	—	0,015	—	1	—	—
				0,01*)	—	10*)	—	—
Neodym Nd	492,5	—	—	—	6	10000**)	—	—
Nickel Ni	232,0	230,2	Ni-HKL	0,2	—	20	—	—
Niob Nb	334,9	—	—	—	40	100000**)	—	—
Osmium Os	290,9	294,4	Ga-HKL	—	1	—	—	—
Palladium Pd	244,8	242,8	Au-HKL	0,3	—	1000**)	—	—
Platin Pt	265,9	267,6	Au-HKL	2	—	200	—	—
Praseodym Pr	495,1	—	—	—	25	100000**)	—	—

Tabelle 5 (Fortsetzung)

Element	Empfindlichste Linie	Untergrundkompensation nach Zweilinienmethode		Orientierungswerte zum Nachweisvermögen als reziproke Empfindlichkeiten pro 1% A				
				Flammen—AAS		Graphitrohrküvette	Metallschiff	Hydridtechnik
				C_2H_2-Luft	C_2H_2—N_2O			
	nm	nm	Lichtquelle	µg/ml	µg/ml	pg	pg	ng
Quecksilber Hg	253,7	251,6	Si-HKL	10	—	1000**)	—	0,01°)
Rhenium Re	346,0	343,5	Rh-HKL	—	15	—	—	—
Rhodium Rh	343,5	346,0	Re-HKL	0,25	0,5	1000	—	—
Rubidium Rb	780,0	—	—	0,1	—	10**)	—	—
				0,001*)	—	10*)	—	—
Ruthenium Ru	349,9	346,0	Re-HKL	—	0,1	100**)	—	—
Samarium Sm	429,7	431,3	Sm-HKL	—	10	—	800	—
Scandium Sc	391,2	392,6	Sc-HKL	—	0,6	1000**)	—	—
Selen Se	196,0	199,3	Se-EDL	0,5	—	50	—	0,04
Silber Ag	328,1	326,2	Sn-HKL	0,06	—	4	—	—
Silizium Si	251,6	254,4	Ir-HKL	—	1,5	50	—	—
Strontium Sr	460,7	459,4	Eu-HKL	0,15	0,1	5	—	—
Tantal Ta	271,5	267,6	Au-HKL	—	20	—	—	—
Technetium Tc	261,4	—	—	—	3	10	—	—
Tellur Te	214,3	212,7	Yb-HKL	0,7	—	20	—	0,5
Terbium Tb	432,6	—	—	—	7,5	10000**)	—	—
Thallium Tl	276,8	277,9	Ga-HKL	0,5	—	10	—	—
Thulium Tm	371,8	372,7	Tm-HKL	—	0,35	—	25	—
Titan Ti	364,3	356,8	Lu-HKL	—	2	2000	—	—

Uranium U	351,5	–	–	–	50	100000**)	–	–
Vanadin V	318,3/ 318,4/318,5	320,5	V-HKL	–	0,2	100	–	–
Wismut Bi	223,1	225,9	Te-EDL	0,4	–	20	–	5
Wolfram W	400,9	404,6	W-HKL	–	15	–	–	–
Ytterbium Yb	398,8	397,7	Co-HKL	–	0,1	–	10	–
Yttrium Y	410,2	407,4	W-HKL	–	1,8	10000**)	–	–
Zink Zn	213,9	210,0	Zn-EDL	0,02	–	0,1	–	–
	307,6	309,4	Zn-HKL	–	–	2000	–	–
Zinn Sn	224,6	226,9	Sn-HKL	1	–	10	–	4
Zirkonium Zr	360,1	356,8	Lu-HKL	–	15	–	–	–

Bemerkungen:

*) Atomemission, reziproke Empfindlichkeit bezogen auf kleinsten Meßwert.

**) Schätzwerte.

°) Kaltdampftechnik.

Tabelle 6

Charakteristik in der AAS benutzter Atomlinien

Element, λ in nm	Übergänge unterer Zustand Symbol	Übergänge unterer Zustand Energie in cm^{-1}	Übergänge oberer Zustand Symbol	Übergänge oberer Zustand Energie in cm^{-1}	Relative Lichtintensität in %	Relative Empfindlichkeit der AAS in %
Aluminium (Al), E_i: 5.98 eV, K_p: 2740 K						
309,3	$3p\ ^2P_{3/2}$	112	$3\ ^2D_{5/2}$	32437	100	100
396,15	$3p\ ^2P_{3/2}$	112	$4s\ ^2S_{1/2}$	25348	64	67
308,2	$3p\ ^2P_{1/2}$	0	$3\ ^2D$	32435		48
394,4	$3p\ ^2P_{1/2}$	0	$4s\ ^2S_{1/2}$	25348		30
237,3	$3p\ ^2P_{3/2}$	112	$5\ ^2D_{3/2}$	42024	4	20
236,7	$3p\ ^2P_{1/2}$	0	$5\ ^2D$	42246	2	14
257,4	$3p\ ^2P_{3/2}$	112	$4\ ^2D_{3/2}$	38934	6	9
256,8	$3p\ ^2P_{1/2}$	0	$4\ ^2D$	38941	4	6
Antimon (Sb); E_i: 8.64 eV; K_p: 2023 K						
217,6	$5p\ ^{34}S_{3/2}$	0	$6s\ ^4P_{3/2}$	45945	75,5	100
206,8		0	$6s\ ^4P_{5/2}$	48332	51	83
231,2		0	$6s\ ^4P_{1/2}$	43249	100	50
212,7		0	$6s\ ^2P_{1/2}$	46991	2	14

Arsen (As); E_i: 9.81 eV; K_p: 886 K (subl.)						
193,7	$4p\ {}^4S_{3/2}$	0	$5s\ {}^4P_{3/2}$	51610	88	100
197,3		0	$5s\ {}^4P_{1/2}$	50694	100	62
189,0		0	$5s\ {}^2P_{1/2}$	53136	28	50
Barium (Ba); E_i: 5.21 eV; K_p: 1913 K						
553,6	$6s\ {}^{21}S_0$	0	$6p\ {}^1P_1$	18060	100	100
350,1	$6s\ {}^{21}S_0$	0	$7p\ P_1$	28554	0,2	70
455,4	$6s\ {}^2S_{1/2}$ (Ion)	0	$6p\ {}^2P_{3/2}$	21952 (Ion)	Ionenabsorption	
Beryllium (Be); E_i: 9.32 eV; K_p: 3243 K						
234,9	$2s^2\ {}^1S_0$	0	$2p\ {}^1P_1$	42565	100	100
Blei (Pb); E_i: 7.42 eV; K_p: 2013 K						
217,0	$6p^2\ {}^3P_0$	0	$6d\ {}^3D_1$	46069	10	100
283,3	$6p^2\ {}^3P_0$	0	$7s\ {}^3P_1$	35287	100	50
261,4	$6p^2\ {}^3P_1$	7819	$6d\ {}^3D_2$	46061	37	3
202,2	$6p^2\ {}^3P_0$	0	$7s\ {}^1P_1$	49440	0,5	2
368,4	$6p^2\ {}^3P_1$	7819	$7s\ {}^3P_0$	34960		0,8
364,0	$6p^2\ {}^3P_1$	7819	$7s\ {}^3P_1$	35287		0,3
Bor (B); E_i: 8.3 eV; K_p: 2303 K						
249,77/ 249,68	$D\ 2p\ {}^2P_{1/2}$	0	$3s\ {}^2S_{1/2}$	40040	100	100
208,89 208,95	$D\ 2p\ {}^2P_{1/2}$	0			36	44

Tabelle 6 (Fortsetzung)

Element, λ in nm	Übergänge				Relative Lichtintensität	Relative Empfindlichkeit der AAS
	unterer Zustand		oberer Zustand			
	Symbol	Energie in cm^{-1}	Symbol	Energie in cm^{-1}	in %	in %
Cadmium (Cd); E_i: 8.99 eV; K_p: 1038 K						
228,8	$5s^2\ ^1S_0$	0	$5p\ ^1P_1$	43692	36	100
326,1	$5s\ ^1S_0$	0	$5p\ ^3P_1$	30656	100	0,2
Cäsium (Cs); E_i: 3.89 eV; K_p: 952 K						
852,1	$6s\ ^2S_{1/2}$	0	$6p\ ^2P_{3/2}$	11732	44	100
894,3	$6s\ ^2S_{1/2}$	0	$6p\ ^2P_{1/2}$	11178	2	83
455,5	$6s\ ^2S_{1/2}$	0	$7p\ ^2P_{3/2}$	21947	100	19
459,3	$6s\ ^2S_{1/2}$	0	$7p\ ^2P_{1/2}$	21766	26	5
Calcium (Ca); E_i: 6.11 eV; K_p: 1757 K						
422,7	$4s^2\ ^1S_0$	0	$4p\ ^1P_1$	23652	100	100
239,9	$4s^2\ ^1S_0$	0	$6\ ^1P_1$	41691	0,5	0,5

Chrom (Cr); E_i: 6.76 eV; K_p: 2945 K						
357,9	$4s^1\ 3d^5\ a^7S_3$	0	$y\ ^7P_4$	27935	100	100
425,4		0	$z\ ^7P_4$	23499	75	33
427,5		0	$z\ ^7P_3$	23386	65	27
429,0		0	$z\ ^7P_2$	23305	52	13
520,8	$a^5\ S_2$	7593	$z\ ^5P_3$	26788	34	0,5
520,4	$a^5\ S_2$	7593	$z\ ^5P_1$	26802	15	0,2
Dysprosium (Dy); E_i: 6.8 eV; K_p: 2835 K						
421,2	$6s^2\ 4f^{10}\ ^5I_8$	0		23736	100	100
404,6		0		24708		70
418,7		0		23877		64
419,5		0		23832	59	50
419,2		4134		27984	14	3
422,5		7050		30711	10	3
421,8		4134		27834	17	1
Eisen (Fe); E_i: 7.87 eV; K_p: 3023 K						
248,3	$4s^2\ 3d^6\ a^5\ D_4$	0	$x\ ^5F_5$	40257	24	100
248,8	$a^5\ D_3$	416	$x\ ^5F_4$	40594		100
252,3	$a^5\ D_4$	0	$x\ ^5D_4$	39626		100
271,9	$a^5\ D_4$	0	$y\ ^5P_3$	36767		67
302,1	$a^5\ D_4$	0	$y\ ^5D_4$	33096		50
372,0	$a^5\ D_4$	0	$z\ ^5F_5$	26865	100	29
386,0	$a^5\ D_4$	0	$z\ ^5D_4$	25900	49	7

Tabelle 6 (Fortsetzung)

Element, λ in nm	Übergänge				Relative Lichtintensität	Relative Empfindlichkeit der AAS
	unterer Zustand		oberer Zustand			
	Symbol	Energie in cm^{-1}	Symbol	Energie in cm^{-1}	in %	in %
Eisen (Fe); E_i: 7.87 eV; K_p: 3023 K						
382,4	$a^5\,D_4$	0	$z\ {}^5D_3$	26140		2
392,0	$a^5\,D_0$	978	$z\ {}^5D_1$	26479	3	0,4
Erbium (Er); E_i: 6.08 eV; K_p: 3136 K						
400,8	$6s^2\ 4f^{12}\ {}^3H_6$	0		24943	100	100
386,3	$6s^2\ 4f^{12}\ {}^3H_6$	0		25880		36
415,1	$6s^2\ 4f^{12}\ {}^3H_6$	0		24083		36
389,3	$6s^2\ 4f^{12}\ {}^3H_6$	0		25682	47	23
397,4	$6s^2\ 4f^{12}\ {}^3H_6$	0		25159		18
408,8	$6s^2\ 4f^{12}\ {}^3H_6$	0		24457	26	13
402,1		6958		31824	20	3
Europium (Eu); E_i: 5.67 eV; K_p: 1870 K						
459,4	$6s^2\ 4f^7\ 8S_{7/2}$	0	$y\ {}^8P_{9/2}$	21761	100	100
462,7	$6s^2\ 4f^7\ 8S_{7/2}$	0	$y\ {}^8P_{7/2}$	21605		15
466,2	$6s^2\ 4f^7\ 8S_{7/2}$	0	$y\ {}^8P_{5/2}$	21445		15
333,4	$6s^2\ 4f^7\ 8S_{7/2}$	0		29982	61	0,3

Gadolinium (Gd); E_i: 6.16 eV; K_p: 3539 K						
368,4	$6s^2\ 5d\ 4f^7\ {}^9D_2$	0		27136	51	100
405,8		215		24850	100	67
419,1		999		24854	78	24
Gallium (Ga); E_i: 6.0 eV; K_p: 2676 K						
294,4	$4p\ {}^2P_{3/2}$	826	$4d\ {}^2D_{3/2}$	34782	100	100
287,4	$4p\ {}^2P_{1/2}$	0	$4d\ {}^2D_{3/2}$	34782	61	90
417,2	$4p\ {}^2P_{3/2}$	826	$5s\ {}^2S_{1/2}$	24789		60
403,3	$4p\ {}^2P_{1/2}$	0	$5s\ {}^2S_{1/2}$	24789		35
250,0	$4p\ {}^2P_{3/2}$	826		40811		10
245,0	$4p\ {}^2P_{1/2}$	0		40803		8
272,0	$4p\ {}^2P_{3/2}$	826	$6s\ {}^2S_{1/2}$	37585	9	3
Germanium (Ge); E_i: 7.88 eV; K_p: 3103 K						
265,16	$4p^2\ {}^3P_0$	0	$5s\ {}^3P_{1/2}$	37718	100	100
265,12				37713		
269,13	$4p\ {}^3P_1$	557	$5s\ {}^3P_1$	37713	23	20
303,9	$4p\ {}^1D_2$	7125	$5s\ {}^1P_1$	40030	79	5
Gold (Au); E_i: 9.22 eV; K_p: 3080 K						
242,8	$6s\ {}^2S_{1/2}$	0	$6p\ {}^2P_{3/2}$	41174	80	100
267,6	$6s\ {}^2S_{1/2}$	0	$6p\ {}^2P_{1/2}$	37350	100	55

Tabelle 6 (Fortsetzung)

Element, λ in nm	Übergänge				Relative Lichtintensität	Relative Empfindlichkeit der AAS
	unterer Zustand		oberer Zustand			
	Symbol	Energie in cm^{-1}	Symbol	Energie in cm^{-1}	in %	in %
Hafnium (Hf); E_i: 7 eV; K_p: 4875 K						
286,6	$6s^2\ 5d^2\ {}^3F_2$	0		34877		100
307,3		0		32533	60	60
289,8		2357		36850		20
368,2	$6s^2\ 5d^2\ {}^3F_2$	0		27150	100	17
377,8		0		26464	85	10
Holmium (Ho); E_i: ?; K_p: 2960 K						
410,4	$6s^2\ 4f^{11}\ {}^4I_{15/2}$	0		24361	100	100
405,4		0		24660		35
416,3						28
404,1	$6s^2\ 4f^{11}\ {}^4I_{15/2}$	0		24740		10
412,7						5
425,4					22	1
Indium (In); E_i: 5,79 eV; K_p: 2353 K						
303,9	$5p\ {}^2P_{1/2}$	0	$5d\ {}^2D_{3/2}$	32892	100	100
325,6	$5p\ {}^2P_{3/2}$	2213	$5d\ {}^2D_{5/2}$	32916		100

410,2	$5p\ ^2P_{1/2}$	0	$6s\ ^2S_{1/2}$	24373		40
451,1	$5p\ ^2P_{3/2}$	2213		24373		30
256,0	$5p\ ^2P_{1/2}$	0	$6d\ ^2D_{3/2}$	39048		10
271,0	$5p\ ^2P_{3/2}$	2213	$6d\ ^2D_{5/2}$	39098	20	4
275,4	$5p\ ^2P_{1/2}$	0	$7s\ ^2S_{1/2}$	36302		4

Iridium (Ir); E_i: 9.0 eV; K_p: 4403 K

208,9		0		47858	8	100
264,0		0	$z\ ^4F_{9/2}$	37872	100	80
266,5	$6s^2\ 5d^7\ a\ ^4F_{9/2}$	0	$z\ ^4D_{7/2}$	37515	87	50
285,0		0	$z\ ^6G_{9/2}$	35081		40
237,3		0		42132		40
250,3		0		39940		36
254,4	$b\ ^4F_{9/2}$	2835		42132	60	20
351,4		0	$z\ ^6F_{11/2}$	28452		7

Kalium (K); E_i: 4.34 eV; K_p: 1047 K

766,5		0	$4p\ ^2P_{3/2}$	13043	100	100
769,9	$4s\ ^2S_{1/2}$	0	$4p\ ^2P_{1/2}$	12985	80	40
404,4		0	$5p\ ^2P_{3/2}$	24720	1	0,4

Kobalt (Co); E_i: 7.86 eV; K_p: 3143 K

240,7	$4s^2\ 3d^7\ a^4\ F_{9/2}$	0	$x\ ^4G_{11/2}$	41529	53	100
242,5		0	$x\ ^4F_{9/2}$	41226		67
252,1	$4s^2\ 3d^7\ a^4\ F_{9/2}$	0	$x\ ^4D_{7/2}$	39649		40
241,1	$a\ ^4F_{7/2}$	816	$x\ ^4G_{9/2}$	42269		28

Tabelle 6 (Fortsetzung)

Element, λ in nm	Übergänge				Relative Lichtintensität	Relative Empfindlichkeit der AAS
	unterer Zustand		oberer Zustand			
	Symbol	Energie in cm^{-1}	Symbol	Energie in cm^{-1}	in %	in %
Kobalt (Co); E_i: 7.86 eV; K_p: 3143 K						
352,7	$a\ ^4F_{9/2}$	0	$z\ ^4F_{9/2}$	28346		7
304,4		0	$y\ ^4F_{9/2}$	32842	18	6
345,4	$b\ ^4F_{9/2}$	3483	$y\ ^4G_{11/2}$	32431		5
340,6	$a\ ^4F_{9/2}$	0	$z\ ^4G_{11/2}$	28845	100	2,5
347,4		0	$z\ ^4F_{7/2}$	28777	43	1,4
391,0		0	$z\ ^6G_{11/2}$	25569	28	0,05
Kupfer (Cu); E_i: 7.72 eV; K_p: 2840 K						
324,75	$4s\ ^2S_{1/2}$	0	$4p\ ^2P_{3/2}$	30784	100	100
327,4		0	$4p\ ^2P_{1/2}$	30535	55	30
222,6		0		44916	3	3
249,2		0		40114	9	0,8
244,2		0		40944	5	0,4
Lanthan (La); E_i: 5.61 eV; K_p: 3730 K						
550,1	$6s^2\ 5d\ ^2D_{3/2}$	0	$6p\ y\ ^2D_{3/2}$	18172	100	100
403,7		0	$x\ ^2D_{3/2}$	24763	28	38
357,4		0	$w\ ^2D_{3/2}$	27969	60	18

Lithium (Li); E_i: 5.39 eV; K_p: 1620 K							
670,8	}	$2s\ ^2S_{1/2}$	0	$2p\ ^2P_{1/2}$	14904	100	100
323,3	}	$2s\ ^2S_{1/2}$	0	$3p\ ^2P_{1/2}$	30925	8	0,3
610,4		$2p\ ^2P_{1/2}$	14904	$3d\ ^2D_{3/2}$	31283	10	0,01
Lutetium (Lu); E_i: 6.15 eV; K_p: 3668 K							
336,0		$6s\ ^25d$	1994		31751	72	100
331,2	}	$6s^2\ 5d\ ^2D_{3/2}$	0		30184	76	60
337,6	}	$6s^2\ 5d\ ^2D_{3/2}$	0		29608	78	50
356,8	}	$6s^2\ 5d\ ^2D_{3/2}$	0		28020	100	50
451,9	}	$6s^2\ 5d\ ^2D_{3/2}$	0		22125		9
308,1			1994		34436		5
Magnesium (Mg); E_i: 7.64 eV_i K_p: 1363 K							
285,2	}	$3s^2\ ^1S_0$	0	$3p\ ^1P_1$	35051	100	100
202,5	}	$3s^2\ ^1S_0$	0	$4p\ ^1P_1$	49380	1	3
Mangan (Mn); E_i: 7.43 eV; K_p: 2235 K							
279,5	}	$4s^2\ 5d^5\ a^6S_{5/2}$	0	$y\ ^6P_{7/2}$	35770	43	100
403,1	}	$4s^2\ 5d^5\ a^6S_{5/2}$	0	$z\ ^6P_{7/2}$	24802	100	8
321,7	}	$4s^2\ 5d^5\ a^6S_{5/2}$	0		31076	3	0,04

Tabelle 6 (Fortsetzung)

Element, λ in nm	Übergänge: unterer Zustand Symbol	Übergänge: unterer Zustand Energie in cm^{-1}	Übergänge: oberer Zustand Symbol	Übergänge: oberer Zustand Energie in cm^{-1}	Relative Lichtintensität in %	Relative Empfindlichkeit der AAS in %
Molybdän (Mo); E_i: 7.1 eV; K_p: 4885 K						
313,3	$5s\ 4d^5\ a^7S_3$	0	$y\ {}^7P_4$	31913	100	100
320,9		0	$z\ D_2$	31155	20	8
Natrium (Na); E_i: 5.14 eV; K_p: 1156 K						
589,0	$3s\ {}^2S_{1/2}$	0	$3p\ {}^2P_{3/2}$	16973	100	100
589,6		0	$3p\ {}^2P_{1/2}$	16956	75	35
330,23 D		0	$4p\ {}^2P_{3/2,1/2}$	30273		
330,3				30267	1,5	0,2
Neodym (Nd); E_i: 5.51 eV; K_p: 3341 K						
492,5	$6s^2\ 4f^4\ {}^5I_4$	0		20301	100	100
486,7		0		20542	16	16
463,4		0		21572		50

Nickel (Ni); E_i: 7.63 eV; K_p: 3005 K						
232,0	$4s^2\,3d^8\,a^3F_4$	0	$y\,{}^3G_5$	43090	16	100
331,1		0	$w\,{}^3F_4$	43259		50
234,6		0	$x\,{}^3D_3$	42621		15
341,5	$a\,{}^3D_3$	205	$z\,{}^3F_4$	29481	60	12
352,4		205	$z\,{}^3P_2$	28569	100	19
351,5	$a\,{}^3D_2$	880	$z\,{}^3F_3$	29321	38	9
305,1	$a\,{}^3D_3$	205	$y\,{}^3F_4$	32973		4
300,3		205	$y\,{}^3D_3$	33501		3
346,2		205	$z\,{}^5F_4$	29084		3
362,5					18	0,2
Niob (Nb); E_i: 6.88 eV; K_p: 5015 K						
334,9	$5s^2\,4d^4\,{}^3F_2$	2154		320005	41	100
358,0		1050		28973	65	90
408,0		695		25200	81	83
405,9		1050		25680	100	83
Osmium (Os); E_i: 8.5 eV; K_p: 5300 ± 100 K						
290,9	$6s^2\,5d^6\,a^5D_4$	0	$z\,{}^5F_5$	34365	91	100
305,9		0	$z\,{}^7F_4$	32685		62
301,8		0	$y^7\,P_3$	33124		31
263,7		0		37909		56
330,2		0	$z\,{}^7F_5$	30280		28

Tabelle 6 (Fortsetzung)

Element, λ in nm	Übergänge unterer Zustand Symbol	Energie in cm^{-1}	oberer Zustand Symbol	Energie in cm^{-1}	Relative Lichtintensität in %	Relative Empfindlichkeit der AAS in %
Osmium (Os); E_i: 8.5 eV; K_p: 5300 ± 100 K						
271,5	$6s^2\ 5d^6\ a^5D_4$	0		36826		24
280,7	$6s^2\ 5d^6\ a^5D_4$	0		35616		22
264,4	$6s^2\ 5d^6\ a^5D_4$	0		37809		20
442,0	$6s^2\ 5d^6\ a^5D_4$	0		22616		5
426,1	$6s^2\ 5d^6\ a^5D_4$	0		23463	100	3
Palladium (Pd); E_i: 8.33 eV; K_p: 3413 K						
244,8	$4d^{10}\ {}^1S_0$	0	$5p\ {}^1P_1$	40839	6	100
247,6	$4d^{10}\ {}^1S_0$	0	$5p\ {}^3D_1$	40369	5	80
276,3	$4d^{10}\ {}^1S_0$	0	$5p\ {}^3P_1$	36182		30
340,5	$5s\ {}^3D_3$	6564	$5p\ {}^3F_4$	35928	100	20
Platin (Pt); E_i: 9.0 eV; K_p: 4100 ± 100 K						
265,9	$5d^9\ 6s\ {}^3D_3$	0		37591	100	100
217,4	$5d^9\ 6s\ {}^3D_3$	0		45998		67
306,5	$5d^9\ 6s\ {}^3D_3$	0		32620		40
264,7	$5d^9\ 6s\ {}^3D_3$	0		37769		18

299,8	$6s\ ^3D_2$	776		34122	94	18
271,9	$6s\ ^3F_4$	824		37591		11
304,3		824		33681		6
244,0	$6s\ ^3D_3$	0		40970		2
Praseodym (Pr); E_i: 5.46 eV; K_p: 3785 K						
495,1	$6s^2\ 4f^3\ ^4I_{9/2}$	0		20190	100	100
513,3		0		19474	17	60
473,7		0		21106		50
491,4		0		20344		29
Quecksilber (Hg); E_i: 10.53 eV; K_p: 629,7 K						
184,9	$6s^2\ ^1S_0$	0	$6p\ ^1P_1$	54083	Vakuum – UV	
253,7		0	$6p\ ^3P_1$	39412	100	100
Rhenium (Re); E_i: 7.87 eV; K_p: 5900 K						
346,0	$6s^2\ 5d^5\ a^6S_{5/2}$	0	$z\ ^6P_{7/2}$	28890	100	100
346,5		0	$z\ ^6P_{5/2}$	28854	67	60
345,2		0	$z\ ^6P_{3/2}$	28962	32	40
Rhodium (Rh); E_i: 7.46 eV; K_p: 4000 ± 100 K						
343,5	$5s\ 4d^8\ a^4F_{9/2}$	0	$z\ ^4G_{11/2}$	29105	100	100
369,2		0	$z\ ^4D_{7/2}$	27075		40
339,7		0	$z\ ^4F_{9/2}$	29431		36
350,3		0	$z\ ^4G_{9/2}$	28543		17

Tabelle 6 (Fortsetzung)

Element, λ in nm	Übergänge: unterer Zustand: Symbol	Übergänge: unterer Zustand: Energie in cm^{-1}	Übergänge: oberer Zustand: Symbol	Übergänge: oberer Zustand: Energie in cm^{-1}	Relative Lichtintensität in %	Relative Empfindlichkeit der AAS in %
Rhodium (Rh); E_i: 7.46 eV; K_p: 4000 ± 100 K						
365,8	$a^4F_{7/2}$	1530	$z\ ^4D_{5/2}$	28860		12
370,1	$a^4F_{7/2}$	1530	$z\ ^4G_{9/2}$	28543		8
350,7	$a^4F_{5/2}$	2598	$z\ ^4G_{7/2}$	31102		3
328,1	$a^4F_{7/2}$	1530	$z\ ^2F_{7/2}$	32004	8	2
Rubidium (Rb); E_i: 4.18 eV; K_p: 961 K						
780,0	$5s\ ^2S_{1/2}$	0	$5p\ ^2P_{3/2}$	12827	100	100
794,8	$5s\ ^2S_{1/2}$	0	$5p\ ^2P_{1/2}$	12579	45	36
420,2	$5s\ ^2S_{1/2}$	0	$6p\ ^2P_{3/2}$	23793	24	1
421,6	$5s\ ^2S_{1/2}$	0	$6p\ ^2P_{1/2}$	23715	10	0,3
Ruthenium (Ru); E_i: 7.36 eV; K_p: 4173 K						
349,9	$5s4d^7\ a\ ^5F_5$	0	$z\ ^5G_6$	28572	100	100
392,6	$5s4d^7\ a\ ^5F_5$	0	$z\ ^7D_4$	25465	49	9

Samarium (Sm); E_i: 5.6 eV; K_p: 2064 K						
429,7	$6s^2\ 4f^6\ {}^7F_0$	4021		27288	94	100
520,1		1490		20713		40
476,0		812		21813	100	30
472,8		1490		22632		22
528,3		4020		22944		20
488,4		3125		23595		18
Scandium (Sc); E_i: 6.74 eV; K_p: 3104 K						
391,2	$4s^2\ 3d\ a\ {}^2D_{5/2}$	168	$y\ {}^2F_{7/2}$	25725	100	100
390,8	$a\ {}^2D_{3/2}$	0	$y\ {}^2F_{5/2}$	25585		100
402,4	$a\ {}^2D_{5/2}$	168	$y\ {}^2D_{5/2}$	25014		100
402,0	$a\ {}^2D_{3/2}$	0	$y\ {}^2D_{3/2}$	24866		67
327,0	$a\ {}^2D_{3/2}$	0	$x\ {}^2P_{1/2}$	30573	8	30
327,4	$a\ {}^2D_{5/2}$	168	$x\ {}^2P_{3/2}$	30707	24	30
Selen (Se); E_i: 9.75 eV; K_p: 958 K						
196,0	$4p^4\ {}^3P_2$	0	$5s\ {}^3S_1$	50996	89	100
204,0	$3P_1$	1990	$5s\ {}^3S_1$	50996	100	7
Silber (Ag); E_i: 7.57 eV; K_p: 2485 K						
328,1	$5s\ {}^2S_{1/2}$	0	$5p\ {}^2P_{3/2}$	30473	100	100
338,3	$5s\ {}^2S_{1/2}$	0	$P_{1/2}$	29552	88	50

Tabelle 6 (Fortsetzung)

Element, λ in nm	Übergänge				Relative Lichtintensität	Relative Empfindlichkeit der AAS
	unterer Zustand		oberer Zustand			
	Symbol	Energie in cm⁻¹	Symbol	Energie in cm⁻¹	in %	in %
Silizium (Si); E_i: 8.15 eV; K_p: 2628 K						
251,6	$3p\ ^3P_2$	223 }	$4s\ ^3P_2$	39955	100	100
250,7	$3p\ ^3P_1$	0 }		39955	35	50
252,9	$^3P_2$	223		39760		37
251,4		77		39760	31	37
252,4	$3p\ ^3P_2$	223		39683	31	37
221,7		0		45322		33
251,9		77		39760		27
221,1		223		45294		19
220,8		77		45276		9
288,2		0		34700	94	6
Strontium (Sr); E_i: 5.69 eV; K_p: 1657 K						
460,7	$5s^2\ ^1S_0$	0	$5p\ ^1P_1$	21698	100	100
Tantal (Ta); E_i: 7.88 eV; K_p: 5698 K						
271,5	$6s^2\ 5d^3\ ^4F_{3/2}$	0	$6p\ y\ ^4G_{5/2}$	36826	100	100
275,8	$a^4F_{5/2}$	2010	$z\ ^4I_{7/2}$	38253	58	20

Technetium (Tc)						
261,4	$5s^2\ 4d^5\ ^6S_{5/2}$					
Tellur (Te); E_i: 9.01 eV; K_p: 1263 K						
214,3	$5p^4\ ^3P_2$	0	$6s\ ^3S_1$	46653	40	100
225,9	$5p^4\ ^3P_2$	0	$^5S_2$	44253	100	10
238,6	$^3P_1$	4751	$^3S_1$	46653	31	0,7
Terbium (Tb); E_i: 5.98 eV; K_p: 3396 eV						
432,6	$6s^2\ 5d\ 4f^8\ ^8H_{17/2}$	0		23107	100	100
431,9		0		23147	83	70
390,1		462		26087		60
406,2		462		25076		58
433,8	$6s^2\ 5d\ 4f^8\ ^8H_{17/2}$	0		23043	62	50
410,5		285		24637		29
Thallium (Tl); E_i: 6.11 eV; K_p: 1730 eV						
276,8	$6p\ ^2P_{1/2}$	0	$6d\ ^2D_{3/2}$	36128	100	100
377,6		0	$7s\ ^2S_{1/2}$	26485		27
258,0		0	$8s\ ^2S_{1/2}$	38757	10	1
Thulium (Tm) E_i: 5.81 eV K_p: 2220 K						
371,8	$6s^2\ 4f^{13}\ ^2F_{7/2}$	0	$F_{9/2}$	26889	100	100
420,4		0		23782	82	33

Tabelle 6 (Fortsetzung)

Element, λ in nm	Übergänge: unterer Zustand, Symbol	Übergänge: unterer Zustand, Energie in cm^{-1}	Übergänge: oberer Zustand, Symbol	Übergänge: oberer Zustand, Energie in cm^{-1}	Relative Lichtintensität in %	Relative Empfindlichkeit der AAS in %
Thulium (Tm); E_i: 5.81 eV; K_p: 2220 K						
436,0	$6s^2\ 4f^{13}\ {}^2F_{7/2}$	0		22930	28	11
530,7		0		18837	38	6
Titan (Ti); E_i: 6,82 eV; K_p: 3560 K						
364,3	$3d^2\ {}^3F_2$	170	${}^3G_4$	27615	100	100
365,4					100	91
335,5	$3d^2\ {}^3F_2$	170	${}^3D_2$	29917		67
399,0		170	${}^3F_2$	25227	83	40
399,9	${}^3F_4$	387	${}^3F_4$	25388		40
395,6	$3F_3$	170	${}^3D_2$	25439		20
394,8	${}^3F_2$	0	${}^3D_1$	25318		10
Uranium (U); E_i: 6.08 eV; K_p: 4091 K						
358,5	$7s^2\ 6d\ 5f^3\ {}^5L_6$	0		27877	100	100
356,7		620		28650	66	67
351,5	$7s^2\ 6d\ 5f^3\ {}^5L_6$	0		28444	69	50
348,9		0		28650	63	34

Vanadin (V); E_i: 6.74 eV; K_p: 3653 K						
318,3	$4s^2\,3d^3\;a^4F_{3/2}$	137	$x\;^4G_{7/2}$	31541		100
318,4	$F_{7/2}$	323	$x\;^4G_{9/2}$	31722	100	71
318,5	$F_{9/2}$	553	$x\;^4G_{11/2}$	31937	50	100
370,4	$a^6D_{9/2}$	2425	$y\;^6P_{7/2}$	29418		40
306,6	$a^4F_{9/2}$	553		33155	27	26
370,5	$a^6D_{7/2}$	2311	$y\;^6P_{5/2}$	29296		20
439,0		2220		24993	25	12
250,8	$a^4F_{3/2}$	137	$u\;^4G_{7/2}$	40001		5
Wismut (Bi); E_i: 7.29 eV; K_p: 1833 K						
223,1	$6p^3\;^4S_{3/2}$	0		44817	9	100
222,8		0		44865	7	35
306,8		0	$7s\;^4P_{1/2}$	32588	100	30
206,2		0	$^4P_{5/2}$	48489		12
227,7		0	$^4P_{3/2}$	43912	4,5	7
211,0		0	$^4P_{1/2}$	47371		3
202,1		0		49461		1
Wolfram (W); E_i: 7.98 eV K_p: 5933 K						
255,1	$6s^25d^4\;^5D_0$	0	$6p^2\;^5P_1$	39183	9	100
400,9	$6s5d^5a^7S_3$	2951	$6p^2\;^7P_0$	27890	100	26
407,4	$6s5d^5a^7S_3$	2951	$6p\;^7P_3$	27488	85	12

Tabelle 6 (Fortsetzung)

Element, λ in nm	Übergänge				Relative Lichtintensität	Relative Empfindlichkeit der AAS
	unterer Zustand		oberer Zustand			
	Symbol	Energie in cm^{-1}	Symbol	Energie in cm^{-1}	in %	in %
Ytterbium (Yb); E_i: 6.22 eV; K_p: 1467 K						
398,8	$6s^2\ {}^1S_0$	0	$6p\ {}^1P_1$	25068	100	100
346,4		0		28857		14
246,5		0		40564	4	5
267,2		0		37415	2,5	1
Yttrium (Y); E_i: 6.38 eV; K_p: 3811 K						
410,2	$5s^2 4d\ a\ {}^2D_{5/2}$	530	$y\ {}^2F_{7/2}$	24900	100	100
414,3	$a\ {}^2D_{3/2}$	0	$y\ {}^2D_{3/2}$	24131	50	67
Zink (Zn); E_i: 9.39 eV; K_p: 1180 K						
213,9	$4s^2\ {}^1S_0$	0	$4p\ {}^1P_1$	46745	87	100
307,6		0	$4p\ {}^3P_1$	32501	100	0,01
Zinn (Sn); E_i: 7.34 eV; K_p: 2543 K						
224,6	$5p^2\ {}^3P_0$	0	$5d\ {}^3D_1$	44509		100
235,5	${}^3P_1$	1692	${}^3D_2$	44165	61	70

286,3	$^3P_0$	0	$6s\ ^3P_1$	34914	100	55
300,9	$3P_1$	1692		34914	80	25
266,1	$3P_1$	1692	$^1P_1$	39257	11	5
Zirkonium (Zr); E_i: 6.84 eV K_p: 4650 K						
360,1	$5s^24d^2\ ^3F_4$	1241	$5p\ ^3G_5$	29002	100	100
354,8	$^3F_3$	570	$^3G_4$	28750		50
301,2	$^3F_3$	570	$^3D_2$	33764		43
298,5	$^3F_2$	0	$^3D_1$	33487		38
303,0	$^3F_4$	1241	$^3D_3$	34240		38
362,4	$^3F_3$	570	$^3F_3$	28157		38
468,8	$^3F_4$	1241		22564	65	12
Phosphor (P); E_i: 10.9 eV; K_p: 553 K (subl.)						
178,3	$3p^3\ ^4S_{3/2}$	0	$4s\ ^4P_{3/2}$	56085		
177,5		0	$^4P_{5/2}$	56338		
178,8		0	$^4P_{1/2}$	55928		
213,55 D		11362		58174		
213,62 D		11376		58174		
214,91		11362		57877		

Die Angaben in den letzten beiden Spalten sind Richtgrößen.

Durch das Ionisierungspotential ist eine Einschätzung der Ionisierungsinterferenzen möglich. Die Siedepunkte liefern erste Hinweise über die Verdampfbarkeit jedes Elementes.

5.1. *Aluminium* (Al)

Lichtquellen: Al-HKL; wegen der hohen Eigenemission der Atomisatoren im empfindlichen Spektralgebiet sind spektrale Spaltbreiten von 0,1 bis 0,2 nm und lichtstarke HKL erforderlich.

Flammen-AAS: Es werden reduzierende C_2H_2—N_2O-Flammen verwendet. Durch die hohe Temperatur und die reduzierenden Eigenschaften werden Aluminate gut verdampft und AlO- bzw. AlX-Radikale gut dissoziiert bzw. reduziert. Die Unterdrückung der Ionisation ist durch 0,1%ige Alkalisalzlösungen möglich und zu empfehlen.

Elektrothermische Atomisierung: Diese Technik ist wegen der schlechten Verdampfbarkeit und der Carbidbildungstendenz des Al nicht besonders empfindlich. In der 3. Phase sind die maximal möglichen Aufheizgeschwindigkeiten und Endtemperaturen günstig. Verdampfungsverluste in der 1. und 2. Phase sind bis 1700 K nicht zu erwarten. Pyrolytisch beschichtete Graphitrohre bringen Vorteile. Die Molekülbildung in O-, N- und X-haltigen Plasmen kann zu Depressionen der Al-AA führen.

Stammlösung: 100 mg Al in 100 m*l* 1 N HNO_3 oder auch 1 N HCl.

5.2. *Antimon* (Sb)

Lichtquellen: Sb-EDL; Sb-HKL; im allgemeinen sind die Sb-EDL lichtstärker. Spektrale Spaltbreiten von 0,1 bis 0,2 nm sind zu empfehlen.

Flammen-AAS: Es wird die stöchiometrische C_2H_2-Luft-Flamme empfohlen. Ar—H_2- oder N_2—H_2-Diffusionsflammen sind möglich, wenn leicht verdampfbare Matrices vorliegen.

Elektrothermische Atomisierung: Sb-Spurenbestimmungen sind möglich. In der 3. Phase sind die max. Aufheizungsgeschwindigkeiten und Temperaturen zur Dissoziation der SbO- und Sb_4-Moleküle zu empfehlen. In der 2. Phase ist auf Verdampfungsverluste zu achten (Temperaturen sind zu optimieren).

Hydridtechnik: Sb-Verbindungen werden durch $NaBH_4$-Lösungen schnell in das stabile SbH_3 überführt. Bestimmungen sind in Flammen, aber besser in beheizten Quarzrohrküvetten möglich. Die Technik ist zu empfehlen.

Stammlösung: 100 mg Sb oder 119,7 mg Sb_2O_3 (H_2SO_{4c}) in 100 *ml* 1 N HCl.

5.3. Arsen (As)

Lichtquellen: As-EDL; As-EDL sind erheblich lichtstärker als As-HKL und deshalb unbedingt zu empfehlen. As-HKL haben auch eine geringe Lebensdauer. Mit As-EDL erreicht man ein 3—5fach besseres Nachweisvermögen. Es sind spektrale Spaltbreiten von 0,2 bis 0,5 nm möglich. Bestimmungen sind wegen des extremen Spektralgebietes im allgemeinen nur mit Gittermonochromatoren möglich.

Die große Wellenlängendifferenz zur Resonanzlinie kann zu Fehlern führen.

Flammen-AAS: Es werden sowohl stöchiometrische C_2H_2-Luft-, C_2H_2—N_2O- und auch $Ar(N_2)$—H_2-Diffusions-Flammen verwendet. Bei reinen verdünnten Lösungen sind letztere wegen der geringen Eigenabsorption besser.

Elektrothermische Atomisierung: As-Spuren können in der GRK bestimmt werden. In der 3. Phase sind die max. Aufheizgeschwindigkeiten und Temperaturen zur Dissoziation der AsO- und As_4-Moleküle zweckmäßig. In der 2. Phase muß auf As-Verluste geachtet werden (Optimierung der Temperatur, Stabilisierung als Arsenat).

Hydridtechnik (vgl. auch 3.3.5.2.): Diese Methode ist für viele Probleme der As-Analytik am besten. Durch $NaBH_4$-Lösungen lassen sich As-Verbindungen problemlos in AsH_3 überführen. Die Bestimmungen sind in Flammen, aber besser in beheizten Quarzrohrküvetten möglich.

Stammlösung: 132,03 mg As_2O_3 (20%ige NaOH lösen, dann mit H_2SO_{4v} neutralisieren und auf 100 m*l* auffüllen).

5.4. *Barium* (Ba)

Lichtquellen: Ba-HKL; die spektralen Spaltbreiten sollten wegen unspezifischer Emissionen möglichst niedrig sein (0,1 bis 0,2 nm).

Flammen-AAS: Es werden reduzierende $C_2H_2—N_2O$-Flammen empfohlen. Die hohe Temperatur bewirkt eine ausreichende Moleküldissoziation. Störungen durch CaOH-Untergrundabsorption werden bei dieser Temperatur beseitigt. Eine Ionisationsunterdrückung durch 0,1 bis 0,5 N Alkalisalzlösungen ist unbedingt erforderlich.

Elektrothermische Atomisierung: Die Carbidbildung des Ba macht sich negativ bemerkbar. Maximale thermische Bedingungen in der 3. Phase sind erforderlich. Pyrolytisch beschichtete oder mit Ta ausgekleidete Graphitrohre sind günstig. Die Unterdrückung der Ionisation durch Alkalisalze ist von Vorteil. Für reine verdünnte Lösungen sind auch Metallatomisatoren zu empfehlen.

Stammlösung: 177,83 mg $BaCl_2 \cdot 2H_2O$ in 100 ml H_2O, 1 N HCl oder HNO_3.

5.5. Beryllium (Be)

Lichtquellen: Be-HKL; die Lichtstärke ist ausgezeichnet. Spektrale Spaltbreiten von 0,1 bis 0,5 nm sind möglich.

Flammen-AAS: Die reduzierende C_2H_2—N_2O-Flamme ist erforderlich wegen des hohen Siedepunktes und der Stabilität des BeO-Moleküls.

Elektrothermische Atomisierung: Es können sowohl GRK als auch Metallatomisatoren verwendet werden. Letztere nur für verdünnte, reine Lösungen. In GRK bildet sich das Carbid Be_2C. Die maximalen thermischen Bedingungen der 3. Phase ergeben die besten Empfindlichkeiten. In Abwesenheit von Cl^--Ionen können in der 2. Phase Temperaturen bis zu 2000 K angewendet werden. In Anwesenheit von Cl^- kann sich Be als $BeCl_2$ bzw. Be_2Cl_4 verflüchtigen. In Plasma gibt es auch BeCl-Moleküle. Bei optimalen Temperaturen sind auch Trennungen von Cl^--Matrices wie NaCl möglich.

Stammlösung: 196,5 mg $BeSO_4 \cdot 4H_2O$, 100 mg Be in 100 ml 1 N HNO_3.

5.6. Blei (Pb)

Lichtquellen: Pb-HKL; Pb-EDL; im allgemeinen werden HKL verwendet. Beide Lichtquellen sind lichtstark. Die spektralen Spaltbreiten sollten bei 0,2 nm liegen.

Obwohl die Linie bei 217,0 nm empfindlicher ist, arbeitet man oft bei 283,3 nm. Diese Linie ist bedeutend lichtstärker. Das bessere Signal-Rausch-Verhältnis führt zu besseren Reproduzierbarkeiten und einer ähnlichen Nachweisgrenze (vgl. Tab. 5).

Flammen-AAS: Es wird die C_2H_2-Luft-Flamme in stöchiometrischer Zusammensetzung empfohlen. Man kann evtl. auch kühlere Flammen verwenden. Im allgemeinen bereiten Pb-Bestimmungen keine Schwierigkeiten.

Elektrothermische Atomisierung: Pb ist sowohl in GRK wie auch in Metallatomisatoren gut atomisierbar. Die thermischen Bedingungen der 3. Phase sind experimentell zu optimieren. Die Temperaturen der 2. Phase dürfen wegen möglicher Verflüchtigung nicht zu hoch sein. Depressionen der Signale durch Molekülbildung sind in Gegenwart hoher X^--Konzentrationen möglich.

Hydridtechnik: Da PbH_4 flüchtig ist und durch $NaBH_4$-Lösungen erzeugt werden kann, sind entsprechende Bestimmungen möglich. Wegen der Instabilität des PbH_4 ist diese Technik nicht zu empfehlen.

Stammlösung: 159,8 mg $Pb(NO_3)_2$ in 100 m*l* H_2O oder 1 N HNO_3.

5.7. *Bor* (B)

Lichtquellen: B-HKL; spektrale Spaltbreiten von 0,1 bis 0,3 nm sind zu empfehlen.

Flammen-AAS: Infolge der hohen Stabilität des BO-Radikals können B-Bestimmungen nur in heißen, brennstoffreichen C_2H_2—N_2O-Flammen durchgeführt werden. Trotzdem wird keine gute Empfindlichkeit erreicht.

Elektrothermische Atomisierung: In GRK läßt sich B wegen seiner Carbidbildung (B_4C) und dessen schlechter Verdampfbarkeit ebenfalls nicht gut bestimmen. Voraussetzung sind auf jeden Fall maximale thermische Bedingungen in der 3. Phase und pyrolytisch beschichtete Graphitrohre.

Stammlösung: 571,8 mg H_3BO_3 in 100 ml H_2O.

5.8. *Cadmium* (Cd)

Lichtquellen: Cd-HKL; Cd-EDL; beide Lichtquellen sind lichtstark. Da die HKL billiger ist, ist sie zu empfehlen.

Flammen-AAS: C_2H_2-Luft-Flammen oder auch kühlere Flammen sind für die Verdampfung des Cd ausreichend. Cd-Bestimmungen sind i. allg. problemlos.

Elektrothermische Atomisierung: GRK und auch Metallatomisatoren können mit Erfolg eingesetzt werden. Bei letzteren benötigt man jedoch auch eine leicht verdampfbare Matrix.

Besonderes: Cd-Bestimmungen sind Paradebeispiele für die AAS. Nachteilig ist, daß nur zwei Spektrallinien (vgl. Tab. 5 und 6) zur Auswahl stehen und somit hinsichtlich des bestimmbaren Konzentrationsbereiches Probleme bestehen. Wegen des sehr guten Nachweisvermögens sind infolge der Allgegenwartskonzentration bereits Verunreinigungen möglich, so daß auf strengste Sauberkeit geachtet werden muß. CdX-Molekülbildung ist in Gegenwart eines hohen X^--Überschusses möglich.

Stammlösung: 100 mg Cd in 100 ml 1 N HNO_3 oder HCl.

5.9. *Cäsium* (Cs)

Lichtquellen: Cs-HKL; Cs-EDL sind möglich. Die Lichtquellen sind lichtstark, aber die Empfänger sind im gegebenen Spektralgebiet nicht besonders gut. Es ist günstig, daß spektrale Spaltbreiten bis zu 1 nm verwendet werden können.

Flammen-AAS: C_2H_2-Luft- oder H_2-/CH_4-Luft-Flammen sind verwendbar. Erforderlich ist die Unterdrückung der Ionisation durch andere Alkalien.

Elektrothermische Atomisierung: Keine Empfehlung.

Besonderes: Infolge der ausgezeichneten Anregbarkeit des Cs wird sowohl in Flammen als auch in der GRK meistens die Emission zur Cs-Bestimmung benutzt (vgl. auch [38]).

Stammlösung: 126,7 mg CsCl in 100 m*l* H_2O oder 1 N HNO_3 bzw. HCl.

5.10. *Calcium* (Ca)

Lichtquellen: Ca-HKL; spektrale Spaltbreiten von 0,2 bis (0,5) nm können verwendet werden. Wegen der Emission des CN-Radikals sind sie besonders in N_2O-Flammen möglichst klein zu wählen.

Flammen-AAS: C_2H_2-Luft-Flammen sind möglich, jedoch treten hier Verdampfungsinterferenzen (z. B. $CaAl_2O_4$ in Gegenwart von Al^{3+}) auf. Besser ist dann die C_2H_2—N_2O-Flamme. Die hier auftretende Ionisationsinterferenz kann durch Zusatz von Alkalisalzen beseitigt werden. Auch andere Zusätze wie La^{3+} und EDTA wurden zur Beseitigung von Verdampfungsinterferenzen eingesetzt.

Elektrothermische Atomisierung: Sowohl GRK als auch Metallatomisatoren können eingesetzt werden. Wegen der Carbidbildung des Ca benötigt man in GRK in der 3. Phase die maximalen thermischen Bedingungen. Auch pyrolytisch beschichtete Graphitrohre sind günstig. Ionisationsinterferenzen sind durch Alkalizusatz zu beseitigen.

Besonderes: Ernste Schwierigkeiten treten bei der elektrothermischen Atomisierung durch die hohe Empfindlichkeit und die Allgegenwart des Ca auf. Durch mögliche Kontaminationen wird sowohl die Richtigkeit wie auch die Reproduzierbarkeit stark eingeschränkt. Wichtig ist wegen der starken Emission des Ca auch eine sehr gute Lichtquellen-Modulation.

Stammlösung: 249,7 mg $CaCO_3$ in 100 ml 1 N HNO_3 oder HCl.

5.11. *Chrom* (Cr)

Lichtquellen: Cr-HKL; spektrale Spaltbreiten zwischen 0,1 und 0,5 nm sind ohne Einfluß.

Flammen-AAS: Hauptsächlich werden C_2H_2-Luft-Flammen empfohlen. Leicht reduzierende C_2H_2—N_2O-Flammen sind auch möglich. In Gegenwart von Matrices ist die heißere Flamme oft günstiger (z. B. Cr—Fe—Ni-Oxid ist schwer verdampfbar. NH_4^+-Zusatz verbessert die Bedingungen in Luft-Flammen.

Elektrothermische Atomisierung: Cr-Bestimmungen werden vor allem in GRK durchgeführt. Maximale thermische Bedingungen der 3. Phase sind erforderlich. Metallatomisatoren sind nur für reine verdünnte Lösungen zu empfehlen.

Stammlösung: 282,9 mg $K_2Cr_2O_7$ in 100 ml H_2O oder 1 N HNO_3 bzw. HCl (im H^+-Medium ggf. mit H_2O_2 reduzieren).

5.12. *Dysprosium* (Dy)

Lichtquellen: Dy-HKL; spektrale Spaltbreiten von 0,1 nm sind wegen des Linienreichtums erforderlich.

Flammen-AAS: Zur Reduktion der stabilen DyO-Radikale sind reduzierende C_2H_2—N_2O-Flammen erforderlich. Die Ionisation wird mit Alkalisalzen unterdrückt.

Elektrothermische Atomisierung: In GRK bilden sich stabile Carbide. Maximale thermische Bedingungen der 3. Phase und pyrolytisch beschichtete Graphitrohre sind günstig. Metallatomisatoren sind für reine, verdünnte Lösungen einsetzbar (Ar—H_2-Atmosphäre).

Stammlösung: 114,8 mg Dy_2O_3 in 100 m*l* 1 N HCl oder HNO_3.

5.13. *Eisen* (Fe)

Lichtquellen: Fe-HKL; spektrale Spaltbreiten von 0,1 bis 0,2 nm sind erforderlich.

Flammen-AAS: Hauptsächlich wird die C_2H_2-Luft-Flamme eingesetzt. In Abhängigkeit von der Matrix kann auch die C_2H_2—N_2O-Flamme günstig sein.

Elektrothermische Atomisierung: Empfindliche Fe-Bestimmungen sind in GRK möglich. Maximale thermische Bedingungen in der 3. Phase und pyrolytisch beschichtete Graphitrohre sind wegen der Carbidbildung günstig. Probleme treten durch die Allgegenwart des Fe auf (Kontaminationsgefahr).

Stammlösung: 100 mg Fe oder 143 mg Fe_2O_3 in 100 m*l* 1 N HCl oder HNO_3.

5.14. *Erbium* (Er)

Lichtquellen: Er-HKL; spektrale Spaltbreiten von 0,1 bis 0,2 nm sind zu empfehlen.

Flammen-AAS: Es sind reduzierende C_2H_2—N_2O-Flammen zur Zerstörung des stabilen ErO-Radikals erforderlich. Die Ionisationsunterdrückung erfolgt durch Alkalisalze. CN-Emission kann störend wirken.

Elektrothermische Atomisierung: In GRK sind bei maximalen thermischen Bedingungen der 3. Phase Er-Bestimmungen möglich. Wegen der Carbidbildung ergeben sich keine guten Nachweisgrenzen. Metallatomisatoren sind nur für reine, verdünnte Lösungen verwendbar.

Stammlösung: 114,3 mg Er_2O_3 in 100 *ml* 1 N HCl bzw. HNO_3.

5.15. *Europium* (Eu)

Lichtquellen: Eu-HKL; spektrale Spaltbreiten zwischen 0,1 und 0,5 nm sind möglich.

Flammen-AAS: Es sind reduzierende C_2H_2—N_2O-Flammen zur Zerstörung des stabilen EuO-Radikals erforderlich. Die Ionisationsunterdrückung erfolgt durch Alkalisalze.

Elektrothermische Atomisierung: In Abhängigkeit von der Matrix sind für Eu-Bestimmungen Metallatomisatoren (Ar—H_2-Atmosphäre) günstig. Die thermischen Bedingungen sind zu optimieren (niedriger K_p). GRK sind wegen der Carbidbildung ungünstiger.

Stammlösung: 115,8 mg Eu_2O_3 in 100 *ml* 1 N HCl oder HNO_3.

5.16. *Gadolinium* (Gd)

Lichtquellen: Gd-HKL; spektrale Spaltbreiten von 0,1 nm sind wegen des Linienreichtums erforderlich.

Flammen-AAS: Es werden reduzierende C_2H_2—N_2O-Flammen zur Zerstörung des stabilen GdO-Radikals benötigt. Die Ionisationsunterdrückung erfolgt durch Alkalisalze.

Elektrothermische Atomisierung: Gd-Bestimmungen sind in GRK (Carbidbildung) problematisch und in Metallatomisatoren unmöglich.

Stammlösung: 115,3 mg Gd_2O_3 in 100 *ml* 1 N HCl oder HNO_3.

5.17. *Gallium* (Ga)

Lichtquellen: Ga-HKL; spektrale Spaltbreiten von 0,2 bis 0,5 nm sind möglich.

Flammen-AAS: Stöchiometrische C_2H_2-Luft- und reduzierende C_2H_2—N_2O-Flammen sind verwendbar. In der heißen Flamme muß die Ionisationsinterferenz durch Alkalisalze beseitigt werden.

Elektrothermische Atomisierung: In GRK sind sehr empfindliche Ga-Spurenbestimmungen möglich. Maximale thermische Bedingungen der 3. Phase sind günstig. Verluste während der 2. Phase sind bis 1700 K nicht zu befürchten. GaX-Molekülbildung kann in X-Matrices zu Signaldepressionen führen.

Stammlösung: 100 mg Ga (gelöst in HNO_{3c}) in 100 m*l* 1 N HNO_3.

5.18. *Germanium* (Ge)

Lichtquellen: Ge-HKL; Ge-EDL bieten keine Vorteile. Spektrale Spaltbreiten bis 1 nm sind ohne Einfluß.

Flammen-AAS: Zur Zerstörung der stabilen GeO-Moleküle ist die reduzierende C_2H_2—N_2O-Flamme erforderlich.

Elektrothermische Atomisierung: Ge-Spurenbestimmungen sind in GRK bei maximalen thermischen Bedingungen der 3. Phase gut durchführbar. Salpetersaure Medien sind notwendig. Die Gegenwart von X^- führt in der 1. und 2. Phase zur Verflüchtigung von GeX_4 (z. B. $GeCl_4$).

Hydridtechnik: Durch Reduktion mit $NaBH_4$ kann das GeH_4 gebildet werden. Es ist flüchtig, aber nicht sehr stabil. Die Bestimmung kann nur bedingt empfohlen werden (vgl. auch 3.3.5.2.).

Stammlösung: 144,1 mg GeO_2 ind 100 m*l* verd. NaOH·

5.19. Gold (Au)

Lichtquellen: Au-HKL; spektrale Spaltbreiten bis zu 1 nm sind möglich.

Flammen-AAS: Stöchiometrische C_2H_2-Luft-Flammen werden im allgemeinen verwendet. C_2H_2—N_2O-Flammen sind bei schwer verdampfbaren Matrices günstig.

Elektrothermische Atomisierung: Empfindliche Au-Spurenbestimmungen sind in GRK und auch in Metallatomisatoren (reine Lösungen) möglich. Die thermischen Bedingungen sind in Abhängigkeit von der Matrix zu optimieren. Auf die Flüchtigkeit von Au, besonders in Gegenwart von Cl^- in der 1. und 2. Phase, muß geachtet werden. Temperaturen bis 700 K sind möglich.

Stammlösung: 100 mg Au (gel. in Königswasser) in 100 m*l* 1 N HNO_3.

5.20. Hafnium (Hf)

Lichtquellen: Hf-HKL; spektrale Spaltbreiten von 0,2 bis 0,4 nm sind zu empfehlen.

Flammen-AAS: Zur Zerstörung des stabilen HfO-Radikals sind reduzierende C_2H_2—N_2O-Flammen erforderlich. F^--Zusatz bewirkt Signalerhöhung.

Elektrothermische Atomisierung: Über diese Technik sind keine Arbeiten publiziert worden. Infolge des hohen Siedepunktes und der Carbidbildungstendenz sind entsprechende Bestimmungen auch bei maximalen thermischen Bedingungen der 3. Phase und unter Verwendung von pyrolytisch beschichteten Graphitrohren fast nicht möglich.

Stammlösung: 117,9 mg HfO_2 (ggf. Aufschluß durch $KHSO_4$) in 100 m*l* 1 N HNO_3.

5.21. *Holmium* (Ho)

Lichtquellen: Ho-HKL; spektrale Spaltbreiten zwischen 0,1 und 0,2 nm sind anzuwenden.

Flammen-AAS: Zur Zerstörung des stabilen HoO-Radikals sind reduzierende C_2H_2—N_2O-Flammen erforderlich. Ionisationsinterferenzen können durch Alkalisalze beseitigt werden. Die CN-Bandenemission kann stören.

Elektrothermische Atomisierung: Für reine verdünnte Lösungen sind Metallatomisatoren möglich. GRK mit pyrolytisch beschichteten C-Rohren können auch verwendet werden.

Stammlösung: 114,6 mg Ho_2O_3 in 100 *ml* 1 N HCl oder HNO_3.

5.22. *Indium* (In)

Lichtquellen: In-HKL; spektrale Spaltbreiten zwischen 0,2 und 0,5 nm sind möglich.

Flammen-AAS: Es wird die stöchiometrische C_2H_2-Luft-Flamme empfohlen. In Gegenwart von X^- treten Signaldepressionen durch InX-Molekülbildung auf. Die heiße C_2H_2—N_2O-Flamme kann diese Moleküle zerstören. In dieser Flamme sind Ionisationsinterferenzen durch Alkalizusatz zu beseitigen.

Elektrothermische Atomisierung: In-Spurenbestimmungen sind in GRK sehr empfindlich möglich. Signaldepressionen können in Gegenwart von X^- auftreten (s. o.). Maximale thermische Bedingungen der 3. Phase und Temperaturen bis 1200 K in der 2. Phase sind zu empfehlen.

Stammlösung: 100 mg In (gel. in HNO_{3c}) in 100 *ml* 1 N HNO_3.

5.23. *Iridium* (Ir)

Lichtquellen: Ir-HKL; wegen Linienreichtum sind spektrale Spaltbreiten von 0,1 nm notwendig.

Die empfindlichste Spektrallinie liegt bei 208,9 nm. Die Linie bei 264,0 nm ist zwar etwas unempfindlicher aber infolge der größeren Lichtstärke der HKL meistens günstiger (vgl. Tab. 5).

Flammen-AAS: Für die Ir-Bestimmung wird die C_2H_2-Luft-Flamme empfohlen. K^+- und La^{3+}-Zusätze sollen die Empfindlichkeit erhöhen.

Elektrothermische Atomisierung: Wegen des hohen Siedepunktes des Metalls sind die Bestimmungen in GRK nicht sehr empfindlich. 3. Phase: Max. thermische Bedingungen.

Stammlösung: 100 mg Ir (gel. in Königswasser) in 100 m*l* 1 N HNO_3.

5.24. *Kalium* (K)

Lichtquellen: K-HKL; K-EDL; beide Lichtquellen sind lichtstark, so daß i. allg. die billigeren HKL verwendet werden. Spektrale Spaltbreiten bis 1 nm sind möglich.

Flammen-AAS: Es können sowohl C_2H_2-Luft- als auch die kühleren H_2/CH_4-Luft-Flammen benutzt werden. Bei Einsatz der ersten Flamme sind Cs-Salze zur Unterdrückung der Ionisation hinzuzufügen. Vielfach ist die Ausnutzung der Emission für die analytische K-Bestimmung besser.

Elektrothermische Atomisierung: K-Bestimmungen sind in GRK und Metallatomisatoren bei optimierten thermischen Bedingungen der 2. und 3. Phase möglich. Auch in GRK wird die Emission vielfach der Absorption vorgezogen [38], da diese sehr leicht anregbar ist.

Besonderes: Infolge der Allgegenwart des K treten Probleme durch Verunreinigung auf (Kontaminationsgefahr).

Stammlösung: 190,7 mg KCl in 100 m*l* H_2O oder 1 N HNO_3 bzw. HCl.

5.25. *Kobalt* (Co)

Lichtquellen: Co-HKL; spektrale Spaltbreiten von 0,1 bis 0,2 nm sind erforderlich.

Flammen-AAS: Es werden stöchiometrische C_2H_2-Luft-Flammen empfohlen. C_2H_2—N_2O-Flammen können bei schlecht verdampfbaren Matrices eingesetzt werden.

Elektrothermische Atomisierung: Co-Spurenbestimmungen sind in GRK möglich. Maximale thermische Bedingungen der 3. Phase sind erforderlich. Bis 1400 K treten keine Verluste in der 2. Phase auf.

Stammlösung: 100 mg Co (gel. in HCl_c) oder 477 mg $CoSO_4 \cdot 7H_2O$ in 100 m*l* 1 N HCl oder HNO_3.

5.26. *Kupfer* (Cu)

Lichtquellen: Cu-HKL; spektrale Spaltbreiten bis 0,5 nm sind möglich.

Flammen-AAS: Es werden stöchiometrische C_2H_2-Luft-Flammen verwendet. Störungen treten kaum auf.

Elektrothermische Atomisierung: Cu-Bestimmungen sind i. allg. problemlos. Die thermischen Bedingungen der 2. und 3. Phase sind zu optimieren. Störungen können durch Kontamination eintreten (z. B. Kupferkontakte in GRK).

Stammlösung: 100 mg Cu (gel. in HNO_{3c}) oder 392,9 mg $CuSO_4 \cdot 5H_2O$ in 100 m*l* 1 N HNO_3.

5.27. *Lanthan* (La)

Lichtquellen: La-HKL; spektrale Spaltbreiten von 0,2 bis 0,4 nm sind möglich.

Flammen-AAS: Zur Zerstörung des stabilen LaO-Radikals sind reduzierende $C_2H_2-N_2O$-Flammen erforderlich. Ionisationsinterferenzen sind durch Alkalizusatz zu beseitigen.

Elektrothermische Atomisierung: La-Bestimmungen in GRK sind durch die Carbidbildung behindert. Maximale thermische Bedingungen der 3. Phase und pyrolytisch beschichtete Graphitrohre sind erforderlich.

Stammlösung: 117,3 mg La_2O_3 in 100 *ml* 1 N HCl oder HNO_3.

5.28. *Lithium* (Li)

Lichtquellen: Li-HKL; Li-EDL; beide Lichtquellen sind lichtstark, i. allg. werden HKL verwendet. Spektrale Spaltbreiten von 0,5 nm sind möglich.

Flammen-AAS: Es werden stöchiometrische C_2H_2-Luft-Flammen empfohlen. Ionisationsinterferenzen sind durch Zusatz anderer Alkalien möglich. Meistens wird die Emission der Absorption vorgezogen.

Elektrothermische Atomisierung: Empfindliche Bestimmungen sind in GRK möglich. Oftmals wird auch hier die Emission vorgezogen [38].

Besonderes: Die Wellenlängendifferenz der Resonanzlinien der beiden Li-Isotope ^6Li und ^7Li beträgt 0,15 nm. Mit entsprechenden Spektrometern sind Bestimmungen des Verhältnisses möglich.

Stammlösung: 532,4 mg Li_2CO_3 in 100 *ml* 1 N HNO_3 oder HCl.

5.29. *Lutetium* (Lu)

Lichtquellen: Lu-HKL; spektrale Spaltbreiten sind bis zu 0,5 (evtl. 1) nm möglich.

Flammen-AAS: Zur Zerstörung des stabilen LuO-Radikales ist die reduzierende C_2H_2—N_2O-Flamme erforderlich. Ionisationsinterferenzen sind durch Alkalisalze zu beseitigen.

Elektrothermische Atomisierung: Wegen Carbidbildung und hohem Siedepunkt ist die Bestimmung in GRK problematisch. Maximale thermische Bedingungen in der 3. Phase und pyrolytisch beschichtete Graphitrohre sind unbedingt erforderlich.

Stammlösung: Lu_2O_3 113,7 mg in 100 m*l* 1 N HCl und HNO_3.

5.30. *Magnesium* (Mg)

Lichtquellen: Mg-HKL; spektrale Spaltbreiten zwischen 0,1 und 1 nm sind i. allg. möglich.

Flammen-AAS: Es wird die C_2H_2-Luft-Flamme empfohlen. Für reine Lösungen können auch kühlere Flammen eingesetzt werden. In Gegenwart von Matrices ist auch die C_2H_2—N_2O-Flamme mit Vorteil einsetzbar.

Elektrothermische Atomisierung: Es sind sowohl GRK als auch Metallatomisatoren (Ar—H_2-Atmosphäre) verwendbar. Maximale thermische Bedingungen sind für die 3. Phase zu empfehlen. Signaldepressionen durch MgX-Bildung in Gegenwart eines X^--Überschusses sind möglich. Temperaturen bis 1200 K führen in der 2. Phase nicht zu Verdampfungsverlusten. Problematisch ist die durch Allgegenwart bedingte Kontaminationsgefahr.

Stammlösung: 100 mg Mg oder 836,3 mg $MgCl_2 \cdot 6H_2O$ in 100 m*l* 1 N HNO_3 oder HCl.

5.31. *Mangan* (Mn)

Lichtquellen: Mn-HKL; spektrale Spaltbreiten von 0,2 bis 0,4 nm sind möglich.

Flammen-AAS: Es sind empfindliche Bestimmungen in GRK möglich. Maximale thermische Bedingungen sind wegen der Carbidbildungstendenz für die 3. Phase zu empfehlen. In der 2. Phase sind Temperaturen bis 1400 K möglich.

Stammlösung: 158,2 mg MnO_2 (gel. in HCl_c—Cl_2-Verkochen) in 100 m*l* 1 N HCl oder HNO_3.

5.32. *Molybdän* (Mo)

Lichtquellen: Mo-HKL; spektrale Spaltbreiten von 0,2 bis 0,5 nm sind möglich.

Flammen-AAS: Es können sowohl reduzierende C_2H_2-Luft- als auch C_2H_2—N_2O-Flammen verwendet werden. Letztere sind günstiger, wenn Matrices zugegen sind.

Elektrothermische Atomisierung: Mo-Spurenbestimmung sind in GRK bei maximalen thermischen Bedingungen der 3. Phase möglich. Wegen der Carbidbildungstendenz und des hohen Siedepunktes sind auch pyrolytisch beschichtete Graphitrohre von Vorteil.

Stammlösung: 199,1 mg $(NH_4)_2MoO_4$ in NH_4OH_v auf 100 m*l* mit H_2O.

5.33. *Natrium* (Na)

Lichtquellen: Na-HKL; Na-EDL sind möglich. Beide Lichtquellen sind lichtstark. Im allgemeinen werden HKL verwendet. Spektrale Spaltbreiten von 0,5 bis 1 nm sind möglich.

Bemerkung: Meistens wird das Na-Dublett 589,0/589,6 nm nicht aufgelöst. Die Empfindlichkeit ist dann etwas niedriger (s. Tab. 5 und 6).

Flammen-AAS: Es wird die C_2H_2-Luft-Flamme empfohlen. Ionisationsinterferenzen sind durch Zusatz anderer Alkalien möglich. Dies birgt allerdings die Kontaminationsgefahr in sich. Kühlere Klammen vermeiden die Ionisation. Es können jedoch Verdampfungsinterferenzen auftreten. Vorzugsweise wird Na jedoch durch Ausnutzung der Emission bestimmt.

Elektrothermische Atomisierung: Na-Bestimmungen in GRK und Metallatomisatoren sind mit hoher Empfindlichkeit möglich. Die Temperaturen der 2. und 3. Phase sind zu optimieren. Es ist auch in diesem Fall die Ausnutzung der Emission für entsprechende Bestimmungen möglich [38].

Besonderes: Infolge der hohen Empfindlichkeit und der Allgegenwart des Na treten starke Probleme durch Verunreinigungen auf.

Stammlösung: 254,2 mg NaCl in 100 m*l* H_2O oder 1 N HCl bzw. HNO_3.

5.34. *Neodym* (Nd)

Lichtquellen: Nd-HKL; spektrale Spaltbreiten zwischen 0,2 und 0,4 nm sind möglich.

Flammen-AAS: Für die Zerstörung des stabilen NdO-Radikals ist die reduzierende C_2H_2—N_2O-Flamme erforderlich. Geringe Ionisationsinterferenzen sind durch Alkalizusatz zu beseitigen.

Elektrothermische Atomisierung: Bestimmungen mit der GRK-Technik sind bis jetzt nicht bekannt. Zumindest sind maximale thermische Bedingungen in der 3. Phase und pyrolytisch beschichtete Graphitrohre notwendig.

Stammlösung: 116,6 mg Nd_2O_3 in 100 m*l* 1 N HCl oder HNO_3.

5.35. *Nickel* (Ni)

Lichtquellen: Ni-HKL; spektrale Spaltbreiten von 0,2 nm sind erforderlich.

Flammen-AAS: Im allgemeinen werden C_2H_2-Luft-Flammen eingesetzt. In Gegenwart schwer verdampfbarer Matrices sind auch C_2H_2—N_2O-Flammen möglich.

Elektrothermische Atomisierung: Ni-Spurenbestimmungen sind in GRK bei maximalen thermischen Bedingungen der 3. Phase möglich. Temperaturen bis 1300 K der 2. Phase stören nicht.

Stammlösung: 100 mg Ni, 404,9 mg $NiCl_2 \cdot 6H_2O$ oder 495,3 mg $Ni(NO_3)_2 \cdot 6H_2O$ in 100 *ml* 1 N HNO_3 oder HCl.

5.36. *Niob* (Nb)

Lichtquellen: Nb-HKL; wegen Linienreichtums sind spektrale Spaltbreiten von 0,1 nm notwendig.

Flammen-AAS: Zur Zerstörung der stabilen NbO-Radikale und für die Verdampfung ist die reduzierende C_2H_2—N_2O-Flamme erforderlich. Ionisationsinterferenzen sind durch Alkalizusatz zu beseitigen.

Elektrothermische Atomisierung: Über derartige Bestimmungen ist nichts bekannt. Es müßten mindestens die maximalen thermischen Bedingungen der 3. Phase (evtl. auch über Kondensatorentladung) und pyrolytisch beschichtete Graphitrohre eingesetzt werden.

Stammlösung: 143,1 mg Nb_2O_5 (Aufschluß) in 100 *ml* HCl.

5.37. *Osmium* (Os)

Lichtquellen: Os-HKL; es sind spektrale Spaltbreiten von 0,1 bis 0,2 nm vorteilhaft.

Flammen-AAS: Es wird die C_2H_2—N_2O-Flamme empfohlen. Besondere Störungen treten nicht auf.

Elektrothermische Atomisierung: Os-Bestimmungen in GRK sind wegen des hohen Siedepunktes problematisch.

Stammlösung: 100 mg Os (Königswasser) in 100 ml 1 N HNO_3.

5.38. *Palladium* (Pd)

Lichtquellen: Pd-HKL; spektrale Spaltbreiten von 0,2 nm werden empfohlen.

Flammen-AAS: Für die Bestimmungen wird die C_2H_2-Luft-Flamme empfohlen.

Elektrothermische Atomisierung: Pd-Bestimmungen in GRK sind bei Anwendung der maximalen thermischen Bedingungen in der 3. Phase möglich.
Stammlösung: 100 mg Pd (Königswasser) in 100 ml 1 N HNO_3.

5.39. *Platin* (Pt)

Lichtquelle: Pt-HKL; spektrale Spaltbreiten von 0,2 bis 0,5 nm können verwendet werden.

Flammen-AAS: Die stöchiometrische C_2H_2-Luft-Flamme wird verwendet.

Elektrothermische Atomisierung: Pt-Bestimmungen sind in GRK bei Anwendung der maximalen thermischen Bedingungen in der 3. Phase möglich. In der 2. Phase können Temperaturen bis zu 1400 K angewendet werden.

Stammlösung: 100 mg Pt (Königswasser) in 100 ml 1 N HCl.

5.40. *Praseodym* (Pr)

Lichtquellen: Pr-HKL; spektrale Spaltbreiten von 0,2 bis 0,5 nm können verwendet werden.

Flammen-AAS: Zur Zerstörung des stabilen PrO-Radikals ist die reduzierende C_2H_2—N_2O-Flamme erforderlich. Ionisationsinterferenzen sind durch Alkalizusatz zu beseitigen.

Elektrothermische Atomisierung: Bisher sind keine entsprechenden Bestimmungen beschrieben worden. Bei Anwendung pyrolytisch beschichteter Graphitrohre und der maximalen thermischen Bedingungen der 3. Phase müßten Bestimmungen möglich sein.

Stammlösung: 117,0 mg Pr_2O_3 ind 100 *ml* 1 N HCl oder HNO_3.

5.41. *Quecksilber* (Hg)

Lichtquellen: Hg-HKL; Hg-EDL; beide Lichtquellen sind lichtstark. Es ist möglich, daß die Hg-EDL eine größere Lebensdauer haben. Spektrale Spaltbreiten bis zu 0,5 nm sind möglich.

Die Spektrallinie bei 184,9 nm ist am empfindlichsten. Wegen der ungünstigen Lage dieser Linie im Vakuum-UV wird in den meisten Fällen die Spektrallinie bei 253,7 nm für analytische Bestimmungen verwendet.

Flammen-AAS: Mit allen gebräuchlichen Flammen lassen sich nur schlechte reziproke Empfindlichkeiten erzielen.

Elektrothermische Atomisierung: Diese Technik ist wegen der großen Flüchtigkeit des Hg problematisch. Es lassen sich keine thermischen Matrix-Spur-Trennungen durchführen. Selbst in der 1. Phase verflüchtigt sich unter den reduzierenden Bedingungen des Graphits das Hg. Nur nach Stabilisierung durch Komplexbildner ist diese Methode überhaupt einsetzbar.

Kaltdampf-Technik (vgl. auch 3.3.5.1.): Diese Technik ist für Bestimmung von Spuren des toxischen Hg am besten geeignet. Man nutzt bei dieser Technik den hohen

Dampfdruck des Hg aus und führt die Atomisierung bei Zimmertemperatur durch.

Gasanalyse: Hg-haltige Gase werden direkt durch 10 bis 30 cm lange Quarzküvetten geleitet.

Lösungsanalyse: Hg-Ionen werden durch $SnCl_2/H_2SO_4$ zum elementaren Hg reduziert. Dieses kann durch einen Gasstrom aus der Lösung ausgetrieben und der Quarzrohrküvette zugeführt werden.

Feststoffanalyse: Durch elektrothermische Atomisierung in geschlossenen Metallatomisatoren kann man das Hg schon bei verhältnismäßig niedrigen Temperaturen austreiben. Durch ein Transportgas kann dieses Hg ebenfalls der Quarzrohrküvette zugeführt werden.

In allen 3 Fällen ist zur Verbesserung der Empfindlichkeit, der Reproduzierbarkeit und der Richtigkeit eine Voranreicherung des Hg an Au-Wolle (Amalgambildung) möglich. Durch schnelles Aufheizen auf 700 bis 800 K kann das Hg wieder desorbiert und durch einen Gasstrom in die Quarzrohrküvette transportiert werden.

Stammlösung: 100 mg Hg in 100 m*l* 1 N HNO_3.

5.42. *Rhenium* (Re)

Lichtquellen: Re-HKL; spektrale Spaltbreiten von 0,2 nm sind zu empfehlen.

Flammen-AAS: Bestimmungen sind wegen des hohen Siedepunktes nur in heißen C_2H_2—N_2O—Flammen möglich.

Elektrothermische Atomisierung: Über derartige Bestimmungen gibt es keine Publikationen.

Stammlösung: 233,6 mg $(NH_4)_2ReCl_6$ in 100 m*l* 1 N HNO_3.

5.43. *Rhodium* (Rh)

Lichtquellen: Rh-HKL; es sind spektrale Spaltbreiten von 0,2 bis 0,5 nm verwendbar.

Flammen-AAS: Es können sowohl die stöchiometrische C_2H_2-Luft- als auch die C_2H_2—N_2O-Flamme eingesetzt werden. Die erstere liefert die besseren Nachweisgrenzen, die letztere ist in Gegenwart von Matrices günstiger, da störende Effekte beseitigt werden.

Elektrothermische Atomisierung: Rh-Bestimmungen in GRK sind bei maximalen Bedingungen der 3. Phase möglich.

Stammlösung: 280,0 mg $Rh(NO_3)_3$ in 100 *ml* H_2O oder 1 N HNO_3.

5.44. *Rubidium* (Rb)

Lichtquellen: Rb-HKL; Rb-EDL; beide Lichtquellen sind lichtstark, gebräuchlicher sind jedoch HKL. Spektrale Spaltbreiten von 0,2 nm sind zu empfehlen.

Flammen-AAS: Es können sowohl C_2H_2-Luft- als auch die kühleren H_2/CH_4-Luft-Flammen benutzt werden. Bei Einsatz der ersten Flamme sind andere Alkalisalze zur Ionisationsunterdrückung erforderlich. Vielfach ist die Ausnutzung der Emission für die analytische Rb-Bestimmung besser.

Elektrothermische Atomisierung: Rb-Bestimmungen sind in GRK und Metallatomisatoren bei optimierten thermischen Bedingungen der 2. und 3. Phase möglich. Auch in GRK wird die Emission vielfach der Absorption vorgezogen [38], da diese sehr leicht anregbar ist.

Stammlösung: 141,5 mg RbCl mit 100 *ml* H_2O oder 1 N HCl/HNO_3.

5.45. *Ruthenium* (Ru)

Lichtquellen: Ru-HKL; spektrale Spaltbreiten von 0,2 nm sind zu empfehlen.

Flammen-AAS: Es werden sowohl die C_2H_2—N_2O- als auch die C_2H_2-Luft-Flamme verwendet. In letzterer können Matrixeffekte durch Verdampfungsbehinderung auftreten.

Elektrothermische Atomisierung: Über Ru-Bestimmungen in GRK liegen keine Publikationen vor. Bei Anwendung maximaler thermischer Bedingungen in der 3. Phase müßten Bestimmungen möglich sein.

Stammlösung: 100 mg Ru (gel. in Königswasser) in 100 m*l* 1 N HNO_3.

5.46. *Samarium* (Sm)

Lichtquellen: Sm-HKL; spektrale Spaltbreiten zwischen 0,1 und 0,2 nm sind erforderlich.

Flammen-AAS: Zur Zerstörung des stabilen SmO-Radikals sind reduzierende C_2H_2—N_2O-Flammen erforderlich. Ionisationsinterferenzen sind durch Alkalisalzzusatz zu beseitigen.

Elektrothermische Atomisierung: In GRK ist die starke Carbidbildungstendenz von Nachteil. Günstiger sind deshalb Metallatomisatoren bei maximalen thermischen Bedingungen der 3. Phase.

Stammlösung: 116,0 mg Sm_2O_3 in 100 m*l* 1 N HCl oder HNO_3.

5.47. *Scandium* (Sc)

Lichtquellen: Sc-HKL; spektrale Spaltbreiten von 0,2 bis 0,4 nm sind anzuwenden.

Flammen-AAS: Zur Zerstörung des stabilen ScO-Radikals ist die reduzierende C_2H_2-N_2O-Flamme erforderlich. Geringe Ionisationsinterferenzen sind durch Alkalisalzzusatz zu beseitigen.

Elektrothermische Atomisierung: Es sind keine Publikationen über Bestimmungen in GRK erschienen.

Stammlösung: 153,4 mg Sc_2O_3 in 100 ml 1 N HCl oder HNO_3.

5.48. *Selen* (Se)

Lichtquellen: Se-EDL; Se-HKL; die EDL sind lichtstärker und langlebiger. Man erreicht mit diesen EDL auch bessere Empfindlichkeiten.

Flammen-AAS: Es können C_2H_2-Luft-Flammen verwendet werden. Allerdings ist es günstiger, die untergrundärmeren $Ar(N_2)—H_2$-Diffusions-Flammen zu benutzen. Wenn die Matrix jedoch nicht leicht verdampfbar ist, können in diesen kühlen Flammen Verdampfungsinterferenzen auftreten.

Elektrothermische Atomisierung: Se-Spurenbestimmungen sind in GRK möglich. Die thermischen Bedingungen der 2. und 3. Phase müssen jeweils optimiert werden. In der 3. Phase benötigt man meistens doch die maximalen thermischen Bedingungen zur Dissoziation der stabilen SeO- und Se_2-Moleküle. In der 2. Phase muß auf Verdampfungsverluste geachtet werden. Metallionen wie Ni können das leicht flüchtige Se als Selenid stabilisieren. Es sind dann auch Matrix-Spur-Trennungen möglich.

Hydridtechnik (vgl. auch 3.3.5.2.): Durch $NaBH_4$-Lösungen lassen sich Se-Verbindungen leicht in das stabile H_2Se überführen. In beheizten Quarzrohrküvetten kann die Dissoziation erfolgen. Auch Diffusionsflammen können hierfür eingesetzt werden.

Stammlösung: 100 mg Se oder 140,5 mg SeO_2 in 1 N HNO_3.

5.49. *Silber* (Ag)

Lichtquellen: Ag-HKL; spektrale Spaltbreiten von 0,5 nm werden empfohlen.

Flammen-AAS: Es wird die stöchiometrische C_2H_2-Luft-Flamme verwendet. Störungen treten kaum auf.

Elektrothermische Atomisierung: Ag-Bestimmungen durch elektrothermische Atomisierung sind ebenfalls unproblematisch. Die thermischen Bedingungen der 3. Phase müssen optimiert werden. Je nach Matrixzusammensetzung sind Ag-Verdampfungsverluste in der 2. Phase ab 750 K möglich.

Stammlösung: 157,5 mg $AgNO_3$ in 100 m*l* H_2O oder 1 N HNO_3.

5.50. *Silizium* (Si)

Lichtquellen: Si-HKL; es sind spektrale Spaltbreiten zwischen 0,1 und 0,2 nm erforderlich.

Flammen-AAS: Wegen der schlechten Verdampfbarkeit der Silikate und der Stabilität des SiO-Radikals müssen reduzierende C_2H_2—N_2O-Flammen verwendet werden.

Elektrothermische Atomisierung: Si-Spurenbestimmungen sind in GRK möglich. Zur Zerstörung der Silikate und des Si-Carbids sind die maximalen thermischen Bedingungen der 3. Phase anzuwenden.

Stammlösung: 434,6 mg Na_2SiO_3 oder 213,9 mg SiO_2 (Aufschluß) in 100 m*l* $NaOH_v$.

5.51. *Strontium* (Sr)

Lichtquellen: Sr-HKL; spektrale Spaltbreiten bis 0,5 nm sind möglich.

Flammen-AAS: Sr-Bestimmungen sind sowohl in C_2—H_2—Luft- als auch in C_2H_2-N_2O-Flammen möglich.

In der kühleren Flamme treten Verdampfungsdepressionen und in der heißeren Ionisationsinterferenzen auf. Letztere können durch Alkalisalzzusatz beseitigt werden.

Elektrothermische Atomisierung: Bei maximalen Bedingungen der 3. Phase sind Sr-Bestimmungen möglich. Pyrolytisch beschichtete Graphitrohre sind günstig.

Stammlösung: 304,3 mg $SrCl_2 \cdot 6 H_2O$ oder 168,5 mg $SrCO_3$ in 100 m*l* H_2O oder 1 N HCl bzw. HNO_3.

5.52. *Tantal* (Ta)

Lichtquellen: Ta-HKL; spektrale Spaltbreiten von 0,2 nm können verwendet werden.

Flammen-AAS: Wegen des hohen Siedepunktes und der Stabilität des TaO-Radikals müssen reduzierende C_2H_2—N_2O-Flammen verwendet werden. Zusätze wie HF oder NH_4F wirken sich signalerhöhend aus.

Elektrothermische Atomisierung: Über die Technik sind keine Publikationen erschienen. Infolge des hohen Siedepunktes und der sehr großen Stabilität des Ta-Carbids können sicher auch in Zukunft keine empfindlichen Bestimmungen durchgeführt werden.

Stammlösung: 122,1 mg Ta_2O_5 (F^--Aufschluß) in 100 m*l* 1 N HF oder HCl.

5.53. *Technetium* (Tc)

Lichtquellen: Tc-HKL; spektrale Spaltbreiten zwischen 0,2 bis 0,5 nm sind möglich.

Flammen-AAS: Es werden stöchiometrische C_2H_2-Luft-Flammen verwendet.

Elektrothermische Atomisierung: Entsprechende Bestimmungen sind bei Anwendung der maximalen thermischen Bedingungen in der 3. Phase möglich.

Stammlösung: Keine Empfehlung.

5.54. *Tellur* (Te)

Lichtquellen: Te-EDL; Te-HKL; spektrale Spaltbreiten zwischen 0,2 und 0,5 nm sind möglich.

Flammen-AAS: Man kann sowohl C_2H_2-Luft- als auch kühle, untergrundarme H_2-Luft-Flammen verwenden.

Elektrothermische Atomisierung: Te-Bestimmungen in GRK sind möglich. Es werden die maximalen thermischen Bedingungen der 3. Phase zur Zerstörung stabiler Moleküle wie TeO und Te_2 empfohlen. In der 2. thermischen Phase treten Verdampfungsverluste ab 1000 K auf.

Hydridtechnik (vgl. auch 3.3.5.2.): Te-Verbindungen lassen sich durch $NaBH_4$ zum H_2Te reduzieren. Die Atomisierung kann in H_2-Luft-Flammen oder beheizten Quarzrohrküvetten erfolgen. Die Technik ist gut anwendbar, jedoch sind die Nachweisgrenzen mit der GRK besser.

Stammlösung: 125,1 mg TeO_2 in 100 *ml* 1 N HNO_3.

5.55. *Terbium* (Tb)

Lichtquellen: Tb-HKL; spektrale Spaltbreiten von 0,2 nm sind erforderlich.

Flammen-AAS: Zur Zerstörung des stabilen TbO-Radikals sind reduzierende C_2H_2—N_2O-Flammen erforderlich. Ionisationsinterferenzen sind durch Zusatz von Alkalisalzen zu beseitigen.

Elektrothermische Atomisierung: Über Tb-Bestimmungen in GRK ist nichts bekannt. Bei Anwendung der maximalen thermischen Bedingungen der 3. Phase und von pyrolytisch beschichteten Graphitrohren müßte dies möglich sein.

Stammlösung: 113,7 mg Tb_3O_4 in 100 *ml* 1 N HCl.

5.56. *Thallium* (Tl)

Lichtquellen: Tl-HKL; Tl-EDL; spektrale Spaltbreiten zwischen 0,2 und 0,5 nm sind möglich.

Flammen-AAS: Es werden stöchiometrische C_2H_2-Luft-Flammen verwendet. Störungen treten im allgemeinen nicht auf.

Elektrothermische Atomisierung: Tl-Bestimmungen sind sowohl in GRK als auch in Metallatomisatoren möglich. Die thermischen Bedingungen der 2. und 3. Phase sind zu optimieren.

Stammlösung: 130,3 mg $TlNO_3$ in 100 m*l* H_2O oder 1 N HNO_3.

5.57. *Thulium* (Tm)

Lichtquellen: Tm-HKL; spektrale Spaltbreiten zwischen 0,2 und 0,5 nm sind möglich.

Flammen-AAS: Zur Zerstörung des stabilen TmO-Radikals ist die reduzierende C_2H_2—N_2O-Flamme erforderlich. Ionisationsinterferenzen sind durch Alkalisalzzusatz zu beseitigen.

Elektrothermische Atomisierung: Tm-Spurenbestimmungen können in Metallatomisatoren durchgeführt werden. Die Bildung stabiler Carbide behindert die Verdampfung in GRK.

Stammlösung: 114,2 mg Tm_2O_3 in 100 m*l* 1 N HCl oder HNO_3.

5.58. *Titan* (Ti)

Lichtquellen: Ti-HKL; spektrale Spaltbreiten von 0,5 nm sind möglich.

Flammen-AAS: Zur Zerstörung des stabilen TiO-Radikals sind heiße reduzierende C_2H_2—N_2O-Flammen erforderlich. Geringe Ionisationsinterferenzen können durch Alkalisalzzusatz beseitigt werden. Der Zusatz von F^- fördert die Verdampfung und erhöht die Signale.

Elektrothermische Atomisierung: Ti-Bestimmungen in GRK sind bei Anwendung der maximalen thermischen Bedingungen der 3. Phase möglich. Pyrolytisch beschichtete Graphitrohre sind günstig wegen der störenden Ti-Carbidbildung.

Stammlösung: 166,8 mg TiO_2 ($KHSO_4$-Aufschluß) in 100 ml H_2O oder 1 N HCl.

5.59. *Uranium* (U)

Lichtquellen: U-HKL; wegen Linienreichtum sind spektrale Spaltbreiten von 0,1 nm erforderlich.

Die Linie bei 358,5 nm ist empfindlicher, die Linie bei 351,5 nm wird bevorzugt wegen des besseren Signal-Rausch-Verhältnisses (vgl. Tab. 5 u. 6).

Flammen-AAS: Eine ausreichende Atomisierung wird wegen der Stabilität von UO-Molekülen nur in reduzierenden C_2H_2—N_2O-Flammen erreicht. Ionisationsinterferenzen sind durch Alkalisalzzusatz zu beseitigen.

Elektrothermische Atomisierung: Über analytische Bestimmungen des U durch Atomisierung in GRK ist wenig bekannt. Wegen der Carbidbildungstendenz müßten maximale thermische Bedingungen in der 3. Phase und pyrolytisch beschichtete Graphitrohre angewandt werden.

Stammlösung: 117,9 mg U_3O_8 oder 210,95 mg $UO_2 \cdot (NO_3)_2 \cdot 6H_2O$ in 100 ml H_2O oder 1 N HNO_3.

5.60. *Vanadin* (V)

Lichtquellen: V-HKL; spektrale Spaltbreiten zwischen 0,2 und 0,5 nm sind möglich.

Mit gebräuchlichen Spektrometern erfolgt keine Trennung des Triplett bei 318,3; 318,4; 318,5 nm.

Flammen-AAS: Wegen der schlechten Verdampfbarkeit und der Stabilität des VO-Radikals sind reduzierende C_2H_2—N_2O-Flammen erforderlich. Geringe Ionisationsinterferenzen sind durch Alkalizusatz zu beseitigen.

Elektrothermische Atomisierung: V-Bestimmungen in GRK sind bei maximalen thermischen Bedingungen der 3. Phase möglich. Pyrolytisch beschichtete Graphitrohre sind wegen der Carbidbildungstendenz des V günstig. Verdampfungsverluste in der 2. Phase treten nicht auf.

Stammlösung: 229,6 mg NH_4VO_3 in 100 ml 1 N HNO_3.

5.61. *Wismut* (Bi)

Lichtquellen: Bi-HKL; Bi-EDL; spektrale Spaltbreiten von 0,2 nm sind zu empfehlen. Beide Lichtquellen sind lichtstark. HKL sind gebräuchlicher.

Flammen-AAS: Es werden sowohl stöchiometrische C_2H_2-Luft- als auch H_2-Luft-Flammen verwendet.

Elektrothermische Atomisierung: Bi-Bestimmungen in GRK sind problemlos möglich. Die thermischen Bedingungen der 2. und 3. Phase müssen optimiert werden. In der 2. Phase sind Temperaturen bis zu 1000 K ohne Bi-Verlust verwendbar.

Hydridtechnik: Bi-Salze lassen sich durch $NaBH_4$-Lösungen zum BiH_3 reduzieren. BiH_3 kann in H_2-Luft-Flammen und Quarzrohratomisatoren zerstört werden. Da BiH_3 nicht sehr stabil ist, ist diese Technik nicht besonders gut.

Stammlösung: 100 mg Bi oder 11,5 mg Bi_2O_3 in 100 ml 1 N HNO_3.

5.62. *Wolfram* (W)

Lichtquellen: W-HKL; wegen Linienreichtums sind spektrale Spaltbreiten von 0,1 nm notwendig.

Die Spektrallinie bei 255,1 nm ist am empfindlichsten. Wegen des günstigeren Signal-Rausch-Verhältnisses wird jedoch meistens die Spektrallinie bei 400,9 nm verwendet.

Flammen-AAS: Wegen der schlechten Verdampfbarkeit und der Stabilität von WO-Molekülen sind reduzierende C_2H_2—N_2O-Flammen erforderlich.

Elektrothermische Atomisierung: W-Bestimmungen sind wegen der thermischen Stabilität des WC nicht in GRK und wegen des hohen Siedepunktes auch nicht in Metallatomisatoren möglich.

Stammlösung: 134,0 mg $(NH_4)_6H_2W_{12}O_{40}$ in 100 m*l* H_2O.

5.63. *Ytterbium* (Yb)

Lichtquellen: Yb-HKL; spektrale Spaltbreiten von 0,2 bis 0,5 nm sind möglich.

Flammen-AAS: Zur Zerstörung des stabilen YbO-Radikals ist die reduzierende C_2H_2—N_2O-Flamme erforderlich. Ionisationsinterferenzen sind durch Alkalizusatz zu beseitigen.

Elektrothermische Atomisierung: Yb-Bestimmungen sind in Metallatomisatoren möglich. Die thermischen Bedingungen sind zu optimieren. Ar—H_2-Atmosphären wirken sich positiv aus. In GRK wird die Verdampfung durch Carbidbildung behindert.

Stammlösung: 113,9 mg Yb_2O_3 in 100 m*l* 1 N HCl oder HNO_3.

5.64. *Yttrium* (Y)

Lichtquellen: Y-HKL; spektrale Spaltbreiten von 0,5 nm sind möglich.

Flammen-AAS: Zur Zerstörung des stabilen YO-Radikals sind reduzierende C_2H_2—N_2O-Flammen erforderlich.

Ionisationsinterferenzen sind durch Alkalisalzzusatz zu beseitigen.

Elektrothermische Atomisierung: Y-Bestimmungen in GRK sind wegen der Carbidbildung nur bedingt möglich. Maximale thermische Bedingungen der 3. Phase und pyrolytisch beschichtete Graphitrohre wären von Vorteil.

Stammlösung: 127,0 mg Y_2O_3 in 100 *ml* 1 N HCl oder HNO_3.

5.65. *Zink* (Zn)

Lichtquellen: Zn-HKL; Zn-EDL; beide Lichtquellen sind lichtstark. Die HKL sind billiger und werden deshalb meistens verwendet. Spektrale Spaltbreiten von 0,5 nm sind möglich.

Flammen-AAS: Es wird die stöchiometrische C_2H_2-Luft-Flamme verwendet. H_2-Luft-Flammen sind untergrundärmer aber für die Verdampfung schlechter.

Elektrothermische Atomisierung: Zn-Bestimmungen sind sowohl in GRK als auch in Metallatomisatoren mit großer Empfindlichkeit möglich. Die thermischen Bedingungen der 2. und 3. Phase müssen optimiert werden.

Besonderes: Infolge der hohen Empfindlichkeit und der Allgegenwart des Zinks sind Bestimmungen unter Verwendung der Linie bei 213,9 nm außerordentlich problematisch. Oft muß man auf die um mehrere Größenordnungen unempfindlichere Linie ausweichen (s. Tab. 5).

Stammlösung: 100 mg Zn oder 454,9 mg $Zn(NO_3)_2$ $6H_2O$ in 100 *ml* 1 N HCl oder HNO_3.

5.66. *Zinn* (Sn)

Lichtquellen: Sn-HKL; Sn-EDL; beide Lichtquellen sind lichtstark. Die HKL ist gebräuchlicher. Spektrale Spaltbreiten bis zu 0,5 nm sind möglich.

Flammen-AAS: Es werden H_2-Luft-, C_2H_2-Luft- und C_2H_2—N_2O-Flammen verwendet. Die ersteren sind günstig wegen des geringen Untergrundes. Es treten jedoch Verdampfungsbehinderungen auf. Die Molekülbildung wird in der heißen N_2O-Flamme am besten unterdrückt. Die optimale Flamme ist nur in Kenntnis der Eigenschaften der Probe festzulegen.

Elektrothermische Atomisierung: Sn-Bestimmungen sind in GRK möglich. Für die 3. Phase sind die maximalen thermischen Bedingungen zu empfehlen. Die Temperaturen der 2. Phase sind zu optimieren. Besonders in Gegenwart von Cl^- sind vorzeitige Verflüchtigungen möglich.

Hydridtechnik: Sn-Verbindungen lassen sich durch $NaBH_4$-Lösungen in das flüchtige aber nicht sehr stabile SnH_4 überführen. Dieses kann in Diffusionsflammen oder beheizten Quarzrohrküvetten zersetzt werden. Diese Methode ist nicht zu empfehlen.

Stammlösung: 190,1 mg $SnCl_2 \cdot 2H_2O$ in 100 m*l* H_2O oder 1 N HCl.

5.67. *Zirkonium* (Zr)

Lichtquellen: Zr-HKL; spektrale Spaltbreiten von 0,1—0,2 nm sind erforderlich.

Flammen-AAS: Zur Zerstörung des stabilen ZrO-Radikals sind reduzierende C_2H_2—N_2O-Flammen erforderlich. Geringe Ionisationsinterferenzen können durch Alkalizusatz beseitigt werden. Der Zusatz von F^- fördert die Verdampfung und Atomisierung.

Elektrothermische Atomisierung: Es gibt hierüber keine Publikationen. Da ZrC sehr stabil ist, ist die Verdampfung sehr erschwert.

Stammlösung: 353,3 mg $ZrOCl_2 \cdot 8H_2O$ in 100 m*l* H_2O oder 1 N HCl.

6. Bestimmung von Nichtmetallen

6.1. Allgemeines

Das Problem für die Bestimmung der Nichtmetalle besteht darin, daß die Resonanzlinien dieser Elemente im Vakuum-UV liegen. Außerdem bilden eine Reihe von Nichtmetallen stabile, schwer dissoziierbare Moleküle. Daraus folgt, daß die Atomisierung nicht einfach ist. Trotz dieser Probleme wurden einige Techniken zur Bestimmung von Nichtmetallen entwickelt.

6.2. Direkte Bestimmung von Nichtmetallen

6.2.1. Brom (Br)

Konstanten: E_i: 11,76 eV; K_p: 331 K.

Lichtquelle: Spezial-Br-HKL mit gasförmigem Br-Durchsatz.

Empfindlichste Spektrallinie: 157,5 nm (Vakuum-Spektrometer).

Atomisierung: Spezielle Vakuum-GRK.

Analytische Charakterisierung: ng-Bereich, kaum praktiziert.

6.2.2. Jod (J)

Konstanten: E_i: 10,44 eV; K_p: 456 K.

Lichtquelle: J-EDL, Leistung: etwa 10 W.

Empfindlichste Spektrallinien: 183,0 nm, 206,2 nm (Vakuum-Spektrometer).

Atomisierung: GRK oder C_2H_2-N_2O—Flamme (206,2 nm).

Analytische Charakterisierung bei 206,2 nm:

Methode	reziproke Empfindlichkeit		optimales Gebiet
	pro 1% A	pro 0,01 E	
Flamme	10 µg/m*l*	25 µg/m*l*	40–500 µg/m*l*
GRK	ng-Bereich		

Stammlösung: 118,1 mg NaJ in 100 m*l* H_2O.

6.2.3. *Phosphor* (P)

Konstanten: E_i: 10,9 eV; K_p: 553 K (S).
Lichtquelle: P-EDL, Leistung: 10 W.
Empfindlichste Spektrallinien: 178,3nm (Vakuumspektrometer), 213,55/213,62 nm.
Atomisierung: GRK oder C_2H_2—N_2O-Flamme.
Analytische Charakterisierung bei 213,55/213,62 nm; Untergrundkompensation bei 214,3 nm, Te-HKL:

Methode	reziproke Empfindlichkeit		optimales Gebiet
	pro 1% A	pro 0,01 E	
Flamme	5 µg/m*l*	15 µg/m*l*	20–200 µg/m*l*
GRK	im ng-Bereich		

Stammlösung: 145,3 mg $NaH_2PO_4 \cdot H_2O$ in 100 m*l* H_2O.

6.2.4. *Schwefel* (S)

Konstanten: E_i: 6,86 eV; K_p: 718 K.
Lichtquelle: S-EDL, Leistung: 10 W.
Empfindlichste Spektrallinie: 180,7 nm (Vakuumspektrometer) nicht praktiziert.

6.3. *Indirekte Bestimmung von Nichtmetallen*

6.3.1. *Allgemeines*

Für indirekte Bestimmungsverfahren lassen sich bei der AAS zwei Prinzipien ausnutzen. Das erste Prinzip besteht darin, daß das Nichtmetall mit einem in bekannter Menge zugefügten Metallion eine Verbindung bildet, die über eine 2. Phase (Verdampfung, Extraktion, Fällung) abgetrennt werden kann. Die Bestimmung des Nichtmetalls erfolgt dann durch AA-Messung des Metallüberschusses oder des abgetrennten Metalls. Das zweite Prinzip besteht darin, daß man die depressive Wirkung von Nichtmetallen auf die AA-Bestimmung von Metallen für die Ermittlung der Nichtmetallkonzentration ausnutzt (vgl. auch [39]).

6.3.2. *Bestimmung des Bromids*

Prinzip: $Br^- + Ag^+ \rightarrow AgBr\downarrow$; Abtrennung des gefällten AgBr. Bestimmung des Ag^+ im Überschuß durch AAS (5.49.).

Analytische Charakterisierung: Arbeitsbereich: einige µg/m*l*, Reaktion ist nicht spezifisch für Br^-.

6.3.3. *Bestimmung des Chlorids*

Prinzipien:

a) Phenyl-$Hg^+ + Cl^- \rightarrow$ Phenyl-HgCl; Extraktion; Bestimmung des Hg im Extraktionsmittel (5.41.).
b) $Cl^- + Ag^+ \rightarrow AgCl\downarrow$; $AgCl + 2NH_3 \rightarrow [Ag(NH_3)_2]^+ + Cl^-$. Nach Abtrennung des gefällten AgCl Auflösen durch NH_3. Bestimmung des Ag^+ in ammoniakalischer Lösung (5.49.).

Analytische Charakterisierung:

a) Arbeitsbereich: 0,01 bis 1 µg/m*l*.
b) Arbeitsbereich: 1 bis 20 µg/m*l*.

6.3.4. *Bestimmung des Cyanids*

Prinzip: $CuCO_3 + 3CN^- \xrightarrow{NaOH} Cu(CN)_3^-$; Bestimmung des aufgelösten Cu durch AAS nach Abtrennung vom $CuCO_3$ (5.26.).

Analytische Charakterisierung: 0,3 bis 3 µg/m*l*.

6.3.5. Bestimmung des Fluorids

Prinzipien:

a) Depression der Mg-AA durch F^-. (5.30.)
b) Erhöhung der Zr-AA durch F^-. (5.67.)
c) Depression der Na-AA durch F^-. Besonderheit: Es wird in einer Küvette ein konstanter Na-Dampfdruck und damit ein konstantes Na-AA-Signal erzeugt. F^- bewirkt Depression des AA-Signals.
d) $SiO_3^{--} + F^- \xrightarrow{H_2SO_4} SiF_4\downarrow$. Abtrennung des SiF_4 über die Gasphase. Bestimmung des abgetrennten Si durch AAS (5.50).

Analytische Charakterisierung:

a) Arbeitsbereich: 0,2 bis 20 μg/m*l*.
b) Arbeitsbereich: 5 bis 200 μg/m*l*.

6.3.6. Bestimmung des Jodids

Prinzipien:

a) $6J^- + Cr_2O_7^{--} \xrightarrow{H^+} 2Cr^{3+} + 3J_2 + 7H_2O$
Nach extraktiver Trennung von Cr^{3+}/Cr^{6+} Bestimmung von Cr^{3+} oder Cr^{6+} durch Cr-AA (5.11.).
b) $2J^- + [Cd(1,10\text{-Phen})_2]^{2+} \rightarrow [Cd(1,10\text{-Phen})_2J_2]$
Gebildeter Komplex wird extrahiert. Bestimmung des Cd durch AA (5.8.).

Analytische Charakterisierung

b) Arbeitsbereich: 0,5 bis 5 μg/m*l*.

6.3.7. Bestimmung des Phosphates

Prinzipien:

a) Depression der Ca-AA durch PO_4^{3-} (5.10.).
b) $PO_4^{3-} + 4Mo_3O_{10}^{2-} \xrightarrow{H^+} P(Mo_3O_{10})_4^{3-} + 4H_2O$
Extraktion der Heteropolysäure in Oktanol, Bestimmung des Mo durch AAS (5.32.).

Analytische Charakterisierung: b) 0,05 bis 12 μg/m*l*.

6.3.8. Bestimmung des Sulfates

Prinzip: $Ba^{++} + SO_4^{--} \xrightarrow{H^+} BaSO_4\downarrow$; nach Abtrennung des aufgefällten $BaSO_4$ wird Ba^{++} im Überschuß durch AAS bestimmt. $BaSO_4$ kann auch durch EDTA aufgelöst werden — Bestimmung des Ba in der Lösung (vgl. auch 5.4.).

Analytische Charakterisierung: 0,1 bis 1 µg/m*l*.

6.4. Anwendung der Molekülabsorptionsspektrometrie zur direkten Bestimmung von Nichtmetallen (vgl. a. [40])

6.4.1. Allgemeines

Viele Nichtmetalle — besonders die Halogene — bilden mit Metallen sehr stabile zweiatomige Moleküle. Einige dieser Moleküle besitzen im SI-UV-Spektralgebiet intensive Absorptionsbanden (vgl. auch 4.3.2.3.), die bei Einstrahlung eines D_2- oder H_2-Kontinuums gemessen werden können.

Die allgemeine Arbeitsweise besteht darin, daß man zur Analysenlösung einen bestimmten Überschuß der M-Komponente hinzufügt. Besonders empfindliche Bestimmungen sind unter optimierten thermischen Bedingungen bei Verdampfung der Moleküle in GRK möglich. Diese Variante eröffnet die Möglichkeit der Bestimmung von Nichtmetallspuren in Mikroproben.

6.4.2. Bestimmung des Bromids

Molekül:

InBr	TlBr	

Empfindlichste Bande:

284,5 nm	342,9 nm	

Reziproke Empfindlichkeit:

130 ng	50 ng	pro 0,01 E.

6.4.3. *Bestimmung des Chlorids*

Moleküle:			
AlCl	GaCl	InCl	MgCl
Empfindlichste Bande:			
261,4 nm	248,1 nm	267,2 nm	376,2 nm
Reziproke Empfindlichkeit:			
1 ng	5 ng	5 ng	1 mg/0,01 E.

6.4.4. *Bestimmung des Fluorids*

Moleküle:			
AlF	GaF	InF	MgF
Empfindlichste Bande:			
227,6 nm	211,4 nm	233,9 nm	358,2 nm
Reziproke Empfindlichkeit:			
0,4 ng	0,8 ng	1,1 ng	5 ng/0,01 E.

6.4.5. *Bestimmung des Jodids*

Molekül:	TlJ	
Empfindlichste Bande:		202 nm
Reziproke Empfindlichkeit:		80 ng/0,01 E.

7. Anwendungsmöglichkeiten und Einsatzgebiete der AAS

Die Anwendungsmöglichkeiten der AAS für die praktische Analytik sind außerordentlich groß. Seit Einführung der Methode vor etwa 25 Jahren sind etwa 10000 Originalarbeiten erschienen. Es ist im Rahmen dieses Buches weder möglich noch notwendig, eine eingehende Analyse dieser ungeheuren Literaturmenge vorzunehmen. Es muß auf die Originalliteratur verwiesen werden. Die weitaus meisten Originalarbeiten sind in den im Kap. 9. angegebenen wichtigsten Zeitschriften erschienen. Eine Bibliographie über Originalmitteilungen zur AAS erscheint halbjährlich in der Zeitschrift Atomic Absorption Newsletters, seit 1980 Atomic Spectroscopy.

Man kann einschätzen, daß sich die AAS in den letzten 20 Jahren zur wichtigsten Analysenmethode für die Bestimmung von anorganischen Spuren und Nebenbestandteilen — in geringerem Ausmaß auch von Hauptbestandteilen — in Lösungen entwickelt hat. Diese Einschätzung gilt auch für die Analytik leicht löslicher Feststoffe und zum Teil ebenfalls für die Gasanalytik. Liegen schwerlösliche Feststoffe vor, die gegebenenfalls aufgeschlossen werden müssen, so muß im Einzelfall entschieden werden, ob eine Methode, die die direkte Verarbeitung des Feststoffes gestattet, günstiger ist. In Spezialfällen wird die AAS — sowohl die Flammen-AAS als auch die elektrothermische Atomisierung — zu Indiktationszwecken in der Gas- und Flüssigchromatographie eingesetzt.

Ebenso zahlreich wie die unterschiedlichen Verfahren der AAS sind ihre Einsatzgebiete.

Im medizinischen Bereich werden mit Hilfe der AAS folgende Substanzen analysiert: Blut, Serum, Urin, andere Körperflüssigkeiten, Gewebeschnitte, Knochen und Zahnmaterialien. Mit Flammen-AAS lassen sich folgende Elemente bestimmen: Ca, Mg, Zn, Cu, Fe, Na und K. Sowohl essentielle wie auch toxische Spurenelemente werden am besten durch elektrothermische Atomisierung in GRK bestimmt: Al, Ag, Au, B, Be, Bi, Cd, Co, Cr, Mn, Mo, Ni, Pb, Rb, Si, Sn, Sr, Tl, V. Auch die Hydrid- und Kaltdampftechnik werden angewandt für einige Elemente: As, Hg, Sb, Se, Te. Es sind besonders bei der zuletzt genannten Technik eingehende Untersuchungen zum Matrixeinfluß erforderlich.

Für ähnliche Aufgabenstellungen wird die AAS auch in der Veterinärmedizin, in der Toxikologie, dem Umweltschutz und den Biowissenschaften angewandt. Besondere Probleme ergeben sich in den meisten Fällen nicht. Allerdings ist es von Vorteil, wenn die Materialien aufgeschlossen werden. Dazu benutzt man zum Zwecke der Beseitigung der hohen Konzentration organischer Stoffe vor allem oxydierende Aufschlußtechniken. Über die genannten Gebiete sind einige Übersichtsartikel erschienen [41—43].

Auch für die analytische Untersuchung anderer organischer Substanzen kann die AAS eingesetzt werden. An erster Stelle soll hier die Bestimmung von Schwermetallen in der Petrochemie genannt werden. Es werden sowohl Rohölanalysen — vor allem zur Bestimmung der Katalysatorgifte Ni, V, Cu u. a. — als auch Produktanalysen wie z. B. die Schmierölanalyse auf Additives wie Ca, Ba, Zn mit der AAS durchgeführt. Wenn man die Flammen-AAS einsetzt, müssen die Öle zur Erniedrigung der Viskosität mit organischen Lösungsmitteln verdünnt werden. Problematisch ist manchmal die Standardisierung und Eichung. Man benutzt dazu oft Metallsalze organischer Carbonsäuren, die in organischen Lösungsmitteln löslich sind. Über dieses Gebiet ist ein Übersichtsartikel erschienen [44].

AAS-Methoden werden auch in der Lebensmittelanalytik eingesetzt. Fette und Öle können in einigen Fällen direkt analysiert werden. Besonderes Interesse haben in dieser Disziplin wieder die toxischen Elemente wie Cd, Pb, Hg, As u. a. [45] (vgl. auch [46]).

In speziellen Fällen wird die AAS auch für die Analyse von Kunststoffen, für die Textilanalyse und für die Analyse von Gummiwaren verwendet. Bestimmungen wie Al in Wolle oder Cr in Lederwaren sind nach entsprechendem Aufschluß sehr gut durchführbar. In der Lackindustrie benutzt man die AAS zur Bestimmung der toxischen Elemente Cd und Pb [47].

Seit einigen Jahren wird die AAS auch zur Analyse pharmazeutischer Produkte eingesetzt. Die analytischen Probleme dieses Industriezweiges sind sehr vielfältig. Es müssen in unterschiedlichsten Substanzen die verschiedensten Elemente wie Al, Ag, As, Au, Ba, Bi, Ca, Cr, Cu, Fe, Hg, K, Li, Mg, Mn, Na, Sb, Si, Ti, Zn, Pb, Pd, Se, Sn, Sr, Te u. a. quantitativ bestimmt werden. Eine Übersicht hierüber wird in [48] gegeben.

Außerordentlich breite Anwendung hat die AAS im landwirtschaftlichen Bereich gefunden. Hinsichtlich der Analyse von Pflanzenmaterialien sind die Probleme denen der Lebensmittelanalytik und der Analytik der Biowissenschaften sehr ähnlich [49]. Darüber hinaus ist jedoch die Analyse von Düngemitteln, Böden, Bodenextrakten usw. eigentlich nur noch mit der schnell und sicher arbeitenden AAS-Methode zu bewältigen. Das Hauptproblem liegt bei diesen anorganischen Matrices in ihrer schlechten Löslichkeit, so daß eine schnelle und gute Aufschlußtechnik — auf die hier nicht eingegangen werden kann — außerordentlich wichtig ist. Eine Übersicht über diese Probleme wurde in [50] gegeben.

Ein besonders breites Anwendungsgebiet für die AAS stellen alle anorganischen Substanzen dar. Sowohl die in der Natur vorkommenden Stoffe als auch die vielen anorganischen technischen Produkte werden mit der Flammen-AAS und mit der elektrothermischen Atomisierungstechnik — vor allem in GRK analytisch untersucht.

Ein wichtiges Einsatzgebiet ist die Geochemie. Gesteins- und Erzanalysen werden sowohl zur Überprüfung der wirtschaftlichen Verwendbarkeit der Substanzen als auch zum Zweck der geologischen Erkundung mit Hilfe der AAS durchgeführt. Da die Mehrzahl dieser Substanzen schwer löslich ist, ergibt sich auch hier das Lösen bzw. Aufschließen als wichtigstes Problem. Für leicht verdampfbare Elemente wurden deshalb besonders für geochemische Materialien Feststoffanalysentechniken entwickelt [51]. Eine allgemeine Übersicht über die Feststoff-AAS wird in [52] gegeben.

Ähnlich gelagert ist die Analytik metallurgischer Materialien, wie Oxide, Sulfide, Schlacken, Carbonate u. a. Es wird auch in diesem Fall die AAS für die Bestimmung einer Reihe von Komponenten benutzt [53].

Trotz der Schwerlöslichkeit von Gläsern, Keramikmaterialien und Zement ist die AAS auch für die Analytik solcher Substanzen mit Erfolg eingesetzt worden. Es wurden ebenfalls viele Aufschlußmethoden entwickelt.

Besonders bewährt hat sich der Druckaufschluß mit HF in Gegenwart anderer Säuren, da hierbei relativ schnell klare Lösungen erhalten werden. Übersichtsartikel über die Glas- und Keramikanalytik [54] und die Zementanalytik [55] sind erschienen.

Selbstverständlich werden die AAS-Methoden auch zur Analyse von Eisen-, Nichteisen- und Edelmetallen eingesetzt. Besondere Vorteile ergeben sich für galvanische Betriebe, weil die Analyse von Lösungen hier sehr im Vordergrund steht [56].

In diesem Sinne ist die AAS geradezu prädestiniert für die Wasseranalyse. Sowohl für die Analyse natürlicher Wässer wie Süß-, Salz- und Trinkwasser als auch für die Analyse von Abwasser, für die Überprüfung von Wasseraufbereitungsanlagen, für die Kontrolle von reinen bis ultrareinen Wässern können die Techniken der AAS mit Erfolg eingesetzt werden. Untersuchungen dieser Art sind auch für die Überwachung der Umwelt besonders wichtig. Eine Übersicht über die Untersuchung ultrareinen Wassers durch AAS wurde gegeben [57, 58] (vgl. auch [59, 60]).

Auch im Bereich der Kerntechnik wird die AAS zu Kontrollzwecken in Kernkraftwerken immer mehr eingesetzt [61].

Zusammenfassend kann festgestellt werden, daß die AAS in jedes Gebiet, in dem anorganische — vor allem metallische — Komponenten analytisch zu bestimmen sind, eingedrungen ist und auch im Vergleich zu anderen Bestimmungsmethoden vielfach die besten analytischen Resultate liefert.

8. Moderne Entwicklungsrichtungen der AAS und verwandte atomspektroskopische Methoden

8.1. Moderne Entwicklungsrichtungen der AAS

Die Entwicklung der AAS hat gegenwärtig auf vielen Gebieten einen gewissen Abschluß erreicht. Auf dem Gebiet der Flammen-AAS sind in der nächsten Zeit kaum noch wesentliche Neuerungen zu erwarten. An dieser Stelle soll lediglich noch auf die sogenannte Injektionstechnik hingewiesen werden. Mit Hilfe dieser Methode ist es möglich, auch unter Verwendung der Flammen-AAS Mikroprobemengen zu analysieren [62].

Auf dem Gebiet der elektrothermischen Atomisierung sind in der Zukunft noch einige technische Neuerungen zu erwarten. Die Erhöhung der Aufheizgeschwindigkeiten, wie sie von Charkabarti [17] vorgeschlagen wurde, wird es ermöglichen, besonders schwer verdampfbare Materialien noch besser zu analysieren. Die wesentlichsten wissenschaftlichen Untersuchungen auf diesem Gebiet werden sicherlich über die Aufklärung der Matrixeffekte durchgeführt werden, da damit eine Verbesserung der Reproduzierbarkeit und vor allem auch der Richtigkeit verbunden ist. Besonders die Plattformtechnik wird einige Vorteile bringen. In dieser Hinsicht wird auch durch die fortschreitende Automatisierung eine Verbesserung erielt werden (vgl. [63]). Es wird sogar eingeschätzt, daß auf dem Wege der elektrothermischen Atomisierung die AAS zur Absolutmethode entwickelt werden kann [64].

Eine ähnliche Einschätzung ist auch über die weitere Entwicklung der Hydridtechnik zu geben (vgl. dazu auch [65]).

Die Kombination des Lasers mit AAS-Geräten wird sicher auch in der Zukunft bestimmten Spezialfällen vorbehalten sein. Neben den bereits behandelten Techniken, bei denen der Laserstrahl lediglich zur Verdampfung von Materialien ausgenutzt wurde, ist hier noch eine besonders nachweisstarke Variante zu erwähnen, die als „intracavity-AAS“ bezeichnet wird. In diesem Falle wird das Absorptionsplasma, z. B. die GRK, in den Resonatorraum eines Farbstoff-Lasers gebracht. Bei einer entsprechenden Synchronisation des Laserimpulses mit der Absorptionsplasmaerzeugung durchsetzt das Licht des Lasers das Absorptionsplasma sehr oft. Daraus resultiert letztlich eine sehr große Absorptionsweglänge und somit eine hohe Empfindlichkeit [66].

Eine weitere Entwicklung wird sicher auch die bereits beschriebene AAS mit Untergrundkompensation unter Ausnutzung des ZEEMAN-Effektes — kurz als ZEEMAN-AAS — bezeichnet — nehmen. Mit dieser Methode ist sowohl eine erhebliche Verbesserung der Richtigkeit als auch des relativen Nachweisvermögens der AAS zu erwarten (vgl. auch 3.7.5.).

Eine weitere Entwicklung wird die Mehrkanal-AAS nehmen. Sie bringt Vorteile bei der direkten Feststoff-AAS durch die Möglichkeit der Anwendung von inneren Standards [67].

Übersichten über den apparativen Stand [68] und über allgemeine Entwicklungstendenzen der AAS wurden kürzlich gegeben [69, 70]. Die Symbolik der AAS wird in [71] behandelt.

8.2. *Verwandte atomspektroskopische Methoden*

8.2.1. *Atomfluoreszenzspektrometrie (AFS)*

Die AFS wurde von WINEFORDNER 1964 [72] für die Spurenanalyse vorgeschlagen. Sie entwickelte sich parallel zur AAS. Das Prinzip der AFS ist dem der AAS sehr ähnlich. Daraus resultiert, daß auch entsprechende Geräte einen ähnlichen Aufbau haben.

Das Licht sehr intensiver spektraler Lichtquellen (EDL, Farbstoff-Laser) wird in ein Absorptionsplasma gesandt. Dieses Plasma kann wie bei der AAS durch untergrundarme Flammen oder auch durch „offene" elektrothermische Atomisatoren erzeugt werden.

Die Absorption des Lichtes führt zu angeregten Atomen. Diese können die aufgenommene Energie wieder in Form von Strahlung abgeben. Man unterscheidet verschiedene Arten der Fluoreszenz. Die Resonanzfluoreszenz erfolgt bei der gleichen Wellenlänge, die Direktlinienfluoreszenz erfolgt bei größerer Wellenlänge durch Übergang auf einen Zwischenzustand und die thermisch begünstigte Fluoreszenz erfolgt bei kleinerer Wellenlänge als die Anregungsstrahlung. Die Intensität der Fluoreszenz ist sowohl der Intensität der Anregungsstrahlung als auch der im Absorptionsplasma vorliegenden Atomkonzentration proportional. Wenn die Fluoreszenzausbeute hoch ist, können sich in analytischer Hinsicht gegenüber der AAS Vorteile bezüglich des Nachweisvermögens ergeben. Viele Probleme, die vor allem die Richtigkeit der analytischen Resultate beeinträchtigen, haben eine weite Verbreitung der Methode bis jetzt verhindert. Ein weiterer Grund dafür besteht darin, daß bis jetzt nur einmal ein entsprechendes, kommerziell gefertigtes Gerät angeboten wurde. Zur Zeit gibt es nur ein Gerät, welches das ICP (s. u.) mit der AFS verbindet (Baird-Atomic, USA).

Es ist möglich, daß mit der Entwicklung und der Reduzierung der Kosten der Farbstoff-Laser die AFS eine größere Bedeutung gewinnt [73].

8.2.2. *Atomemissionsspektrometrie mit dem induktiv gekoppelten Plasma (ICP)* [74—77]

Seit etwa 8 Jahren wird die ICP-Technik für die Atomemissionsspektrometrie bzw. -spektrographie entwickelt. Das Prinzip besteht darin, daß in ein strömendes Inertgas (z. B. Ar), welches die Probe als Aerosol enthält, Hochfrequenzenergie elektrodenlos durch induktive Kopplung übertragen wird. Die benutzten Frequenzen liegen zwischen 27 und 90 MHz. Die entsprechenden Generatoren haben Leistungen zwischen 1 und 10 kW. Bei entsprechender Energieübertragung erwärmt sich der Argonstrom bis auf 10000 K. Dabei wird das Aerosol verdampft. Die entstehenden freien Atome und Ionen senden entsprechende Strahlung aus, deren Intensität gemessen und mit der Konzentration in Zusammenhang gebracht werden kann. Die Messung erfolgt durch Spektrographen oder Spektrometer. Diese Methode ist der AAS — besonders der Flammen-AAS — ähnlich, weil die Argon-Plasma-Fackel einer chemischen Flamme ähnlich ist und weil die Probezuführung wie bei der AAS erfolgt. Hinsichtlich der analytischen Charakteristik ergeben sich für das ICP einige Vorteile: a) Die Methode ist für die simultane Multielementanalyse geeignet. b) Das Nachweisvermögen der Methode ist — verglichen mit der Flammen-AAS — besser (gegenüber der elektrothermischen Atomisierung jedoch meistens schlechter). Gewisse Nachteile ergeben sich zum jetzigen Zeitpunkt noch aus der bis jetzt relativ geringen praktischen Erfahrung mit der Methode. Besonders in der letzten Zeit nimmt sich jedoch die entsprechende gerätebauende Industrie dieser neuen Technik an, so daß mit einem starken Aufschwung zu rechnen ist. Auch Kombinationen zwischen dem ICP und der AAS sind in der Zukunft für Spezialzwecke denkbar.

9. Literatur

9.1. *Monographien*

Beaty, R. D., "*Concepts, Instrumentation and Techniques in Atomic Absorption Spectrophotometry*", Perkin-Elmer Corp., 1978.

Dean, J. A. und Rains, T. C., "*Flame Emission and Atomic Absorption Spectrometry*", Marcel Dekker Inc., New York;
Vol. 1: "*Theory*", 1969;
Vol. 2: "*Components and Techniques*", 1971.

Christian, G. D. und Feldman, F. J., "*Atomic Absorption Spectroscopy: Applications in Agriculture, Biology and Medicine*", Interscience Publishers, New York, London, Sidney, 1970.

Elwell, W. T. und Gidley, J. A. F., "*Atomic Absorption Spectrophotometry*", 2. Aufl., Pergamon Press, Oxford, London, New York, Toronto, Sidney, Paris, Braunschweig, 1966.

Lwow, B. V., "*Atomic Absorption Spectrochemical Analysis*", Englische Übersetzung, Adam Hilger, London, 1970.

Price, E. J., "*Spectrochemical Analysis by Atomic Absorption*", Heyden und Son Ltd., London, Philadelphia, Rheine, 1978.

Ramirez-Munoz, J., "*Atomic Absorption Spectroscopy*", Elsevier Publishing Company, Amsterdam, London, New York, 1968.

Reynolds, R. J., Aldous, K. und Thompson, K. C., "*Atomic Absorption Spectroscopy — a practical guide*", Griffin, London, 1970.

Rubeska, I. und Moldan, B., "*Atomic Absorption Spectrophotometry*", Engl. Übersetzung, Iliffe Books Ltd., London, 1969.

Slavin, W., "*Atomic Absorption Spectroscopy*", Interscience Publishers, New York, London, Sidney, 1968.

Welz, B., "*Atom-Absorptions-Spektroskopie*", 2. Auflage, Verlag Chemie, Weinheim, 1975.

9.2. *Wichtige Zeitschriften der AAS*

Analytica Chimica Acta; Analytical Chemistry; Analusis; Analyst; Applied Spectroscopy; Applied Spectroscopy Reviews; Atomic Absorption Newsletters; Atomic Spectroscopy; Bunseki Kagaku; Chemia analityczna; Mikrochimica Acta; Progress in analytical atomic spectroscopy; Talanta; Zavodskaja Laboratorija; Zhurnal analititscheskoi chimii; Zhurnal prikladnoi spektroskopii.

9.3. *Literaturzitate*

[1] KIRCHHOFF, G., Phil. Mag. (4), **20**, 1 (1860).
[2] KIRCHHOFF, G. und BUNSEN, R., Phil. Mag. (4), **20**, 89 (1860).
[3] KIRCHHOFF, G. und BUNSEN, R., Phil. Mag. (4), **22**, 329 (1861)
[4] WOODSON, T. T., Rev. Sci. Instrum., **10**, 308 (1939).
[5] ALKEMADE, C. Th. J. und MILATZ, J. M. W., J. Opt. Soc. Am., **45**, 583 (1955).
[6] WALSH, A., Spectrochim. Acta, **7**, 108 (1955).
[7] DAGNALL, R. M., THOMPSON, K. C. und WEST, T. S., Analyst, **92**, 506 (1967).
[8] WILLIS, J. B., Nature, **207**, 157 (1965).
[9] LWOW, B. V., Spectrochim. Acta, **17**, 761 (1961).
[10] MASSMANN, H., Spectrochim. Acta, **23 B**, 215 (1968).
[11] WOODRIFF, R. und RAMELOW, G., Spectrochim. Acta, **23 B**, 665 (1968).
[12] WOODRIFF, R. und STONE, R. W., Appl. Optics, **7**, 1337 (1968).
[13] WEST, T. S. und WILLIAMS, X. K., Anal. Chim. Acta, **45**, 27 (1969).
[14] CLYBURN, S. A., KANTOR, T. und VEILLON, C., Anal. Chem., **46**, 2213 (1974).
[15] CAMPBELL, W. C. und OTTAWAY, J. M., Talanta, **21**, 837 (1974).
[16] ORTNER, H. M. und KANTUSCHER, E., Talanta, **22**, 581 (1975).
[17] STURGEON, R. E. und CHAKRABARTI, C. L., Progr. Anal. Atom. Spectrosc., **1**, 5 (1978).
[18] DITTRICH, K., WENNRICH, R. und WERNER, B., Chem. analit., **23**, 71 (1978).

DITTRICH, K., und MÜLLER, H., Chem. analit., 23, 81 (1978).
[19] BRANDENBERGER, H. und BADER, H., At. Absorpt. Newslett., 6, 101 (1967).
[20] BRANDENBERGER, H. und BADER., H., At. Absorpt. Newslett., 7, 53 (1968).
[21] POLUEKTOV, N. S. und VITKUN, R. A., Zhurnal analit. khim., 18, 37 (1963).
[22] VITKUN, R. A., POLUEKTOV, N. S. und SELJUKOWA, T. V., Zhurnal. analit. khim., 25, 474 (1970).
[23] DUJMOVIC, M., G-I-T, 21, 761 (1977).
[24] DITTRICH, K., VORBERG, B. und WOLTERS, H., Talanta, 26, 747 (1979).
[25] DELVES, H. T., At. Absorpt. Newslett., 12, 50 (1973).
[26] WULFSON, E. K., GRIBOWSKAJA, I. F., KARJAKIN, A. W. und JANUSCHKEWITSCH, A. W., Zhurnal analit. Khim., 30, 1913 (1975).
[27] QUILLFELDT, W., Jenaer Rdsch., 226 (1978).
[28] KANTOR, T., POLOS, L., FODOR, P. und PUNGOR. E., Talanta, 23, 585 (1976).
[29] GATEHOUSE, D. M. und WALSH, A., Spectrochim. Acta, 16, 602 (1960).
[30] SLAVIN, W., At. Absorpt. Newslett., 3, 93 (1964).
[31] KOIRTYOHANN, S. R., Anal. Chem., 37, 601 (1965).
[32] HADEISHI, T., Science, 174, 404 (1971).
[33] MCLAUGHLI, R. D., Appl. Phys. Lett., 21, 438 (1972).
[34] NEWSTEAD, R. A., PRICE, W. J., und WHITSICH, P. J., Progr. Anal. Atom. Spectrosc., 1, 267 (1978).
[35] PETRAKIEW, A. und JOTOW, Z., Wiss. Z. Karl-Marx-Univ. Leipzig, Math.-Nat. Reihe, 28, 347 (1979).
[36] DITTRICH, K., MOTHES, W. und WEBER, P., Spectrochim. Acta, 33 B, 325 (1978).
[37] DITTRICH, K., Dissertation B, Karl-Marx-Universität Leipzig, (1977).
[38] OTTAWAY, J. M., HUTTON, R. C., LITTLEJOHN, D. und SHAW, F., Wiss. Z. Karl-Marx-Univ. Leipzig, Math.-Nat.-Reihe, 28, 357 (1979).
[39] GOLDSCHTEIN, M. M. und JUDELEWITCH, I. G., Zhurn. analit. khim., 31, 810 (1976).
[40] DITTRICH, K., Progr. Anal. Atom. Spectrosc., 3. 209 (1980).
[41] WEISS., E. B. und ROSENTHAL, I. M., J. Anal. Toxicol., 2 166 (1978).

[42] Olwin, J. H., J. Anal. Toxicol., 1, 245 (1977).
[43] Delves, H. T., Progr. Anal. Atom. Spectrosc., in Vorbereit.
[44] Sychra, V., Progr. Anal. Atom. Spectrosc., in Vorber.
[45] Schaller, P. L. und Egan, H., FAO-Report No. 92-5-1-00094-M-89, (1976).
[46] Welz, B., Grobenski, Z., Melcher, M. und Weber, D., Angewandte Atom-Absorptionsspektroskopie (Bodenseewerk Perkin-Elmer & Co GmbH), 18 E (1979).
[47] Fuller, C. W., Progr. Anal. Atom. Spectrosc., 1, 255 (1978).
[48] Rousselet, F. und Thuillier, F., Progr. Anal. Atom. Spectrosc. 1, 353 (1978).
[49] Evans, W. H., Analyst, 103, 452 (1978).
[50] David, D. J., Progr. Anal. Atom. Spectrosc., 1, 225 (1978).
[51] Langmyhr, F. J., Talanta, 24, 277 (1977).
[52] Langmyhr, F. J., Essay Anal. Chem., 461 (1977).
[53] Belcher, C. B., Progr. Anal. Atom. Spectrosc., 1, 299 (1978).
[54] Wise, W. M., Burdo, R. A. und Sterlace, J. S., Progr. Anal. Atom. Spectrosc., 1, 201 (1978).
[55] Crow, R. F. und Conolly, J. D., Progr. Anal. Atom. Spectrosc., 1, 347 (1979).
[56] Peterson, G. E., At. Absorpt. Newslett., 16, 133 (1977).
[57] Chakrabarti, C. L., Progr. Anal. Atom. Spectrosc., in Vorber.
[58] Franke, G. und Hein, H., Chemie-Technik, 8, 185 (1979).
[59] Fishman, M. J. und Erdman, D. J., Anal. Chem. Rev., 49, 139R (1977).
[60] Kawanowa, M. A., Probl. sowrem. anal. khim., 2, 23 (1977).
[61] Baudin, G., Progr. Anal. Atom. Spectrosc., in Vorbereitung.
[62] Berndt, H. und Slavin, W., At. Absorpt. Newslett., 17, 109 (1978).
[63] Welz, B., Tomoff, T. und Wiedeking, E., Angewandte Atom-Absorptionsspektroskopie (Bodensewerk Perkin-Elmer & Co GmbH), 19 E, (1979).
[64] L'wow, B. V., Spectrochim. Acta, 33 B, 153 (1978).
[65] Robbins, W. B. und Caruso, J. A., Anal. Chem., 51, 889 A (1979).
[66] Spikers, jun. R. C. und Shirk, J. S., Anal. Chem., 46, 572 (1974).

[67] SOMMER, D. und OHLS K., Labor Praxis, 48 (1979).
[68] AIDAROW, T. K., Zh. prikl. spektrosk., **26**, 779 (1977).
[69] WALSH, A., Pure Appl. Chem., **49**, 1621 (1977).
[70] WALSH, A., At. Absorpt. Newslett., **17**, 97 (1978).
[71] Commission on Spectrochemical and Other Optical Procedures for Analysis, Spectrochim. Acta, **33 B**, 217 (1978).
[72] WINEFORDNER, J. D. und VICKERS, T. J., Anal. Chem., **36**, 161 (1964).
[73] OMENETTO, N. und WINEFORDNER, J. D., Progr. Anal. Atom. Spectrosc. **2**, 1 (1979).
[74] BOUMANS, P. W. J. M., Z. analyt. Chem., **279**, 1 (1976).
[75] MASSMANN, H., Labor Praxis, 28 (1977).
[76] BARNES, R. M. CRC Crit. Reviews Anal. Chem., 203 (1978).
[77] EDIGER, R. D. und WILSON, D. L., At. Absorpt. Newslett., 18, 41 (1979).

Bei Fragen zur Produktsicherheit wenden Sie sich bitte an:
If you have any questions regarding product safety,
please contact:

Walter de Gruyter GmbH
Genthiner Straße 13
10785 Berlin
productsafety@degruyterbrill.com